新型职业农民培育系列教材

农户规模肉羊养殖与羊场经营

赵 珺 杨 涛 马春芳 主编

中国农业科学技术出版社

图书在版编目（CIP）数据

农户规模肉羊养殖与羊场经营／赵珺，杨涛，马春芳主编.——
北京：中国农业科学技术出版社，2017.12
　ISBN 978-7-5116-3379-8

　Ⅰ.①农…　Ⅱ.①赵…②杨…③马…　Ⅲ.①肉用羊-饲养管理-
技术培训-教材　Ⅳ.①S826.9

　中国版本图书馆 CIP 数据核字（2017）第 285282 号

责任编辑　白姗姗
责任校对　贾海霞

出 版 者　中国农业科学技术出版社
　　　　　　　北京市中关村南大街 12 号　邮编：100081
电　　话　（010）82106638（编辑室）　　（010）82109702（发行部）
　　　　　　　（010）82109709（读者服务部）
传　　真　（010）82106650
网　　址　http://www.CASTP.cn
经 销 者　各地新华书店
印 刷 者　北京富泰印刷有限责任公司
开　　本　850mm×1 168mm　1/32
印　　张　7.375
字　　数　191 千字
版　　次　2017 年 12 月第 1 版　2017 年 12 月第 1 次印刷
定　　价　29.80 元

《农户规模肉羊养殖与羊场经营》

编　委　会

前　言

　　肉羊是适应外界环境最强的家畜之一，食性广、耐粗饲、抗逆性强。饲养肉羊投资少、周转快、效益稳、回报率高。近年来，国内外羊肉市场发生了一些变化，为肉羊产业的发展提供了巨大空间，使肉羊生产正成为一个黄金产业。

　　近20年来，由于市场对羊毛和羊肉的需求关系发生了变化，养羊业由毛用为主转向肉毛兼用继而发展到肉羊为主，肉羊生产发展迅速。

　　随着我国人民生活水平的提升，对肉羊的需求也逐渐增加，因此，养殖肉羊的前景较为光明。同时，我国草地资源丰富，为肉羊的养殖提供了良好的自然条件。

　　本书以技能培养为主，尽量拓宽知识面，增加信息量，很少涉及偏深偏难又不实用的内容，紧跟政策与科学技术的发展。本书共8章，包括肉羊场的规划和建设、肉羊品种和杂交模式的选择、肉羊的繁殖、肉羊的饲草和饲料、饲养管理、肉羊疫病的综合防控、肉羊常见疾病的诊断与防治、规模化养羊经营效益管理等内容。

　　由于编者水平所限，加之时间仓促，书中不尽如人意之处在所难免，恳切希望广大读者和同行不吝指正。

编　者

2017 年 9 月

目　　录

第一章　肉羊场的规划和建设

第一节　场址的选择

肉羊场场址的选择是肉羊养殖的重要环节，也是肉羊养殖成败的关键，无论是新建肉羊场，还是在现有设施的基础上进行改建或扩建，选址时必须综合考虑自然环境、社会经济状况、畜群的生理和行为需求、卫生防疫条件、生产流通及组织管理等各种因素，科学和因地制宜地处理好相互之间的关系。

一、肉羊场场址的选择原则

总体来说，肉羊场场址的选择要有利于肉羊的生产、管理和防疫，同时保证当地的生态环境不受影响。

一是周围及附近饲草，特别是像花生秧、甘薯秧、大蒜秆、大豆秸等优质农副秸秆资源必须丰富；二是交通方便而又不紧邻交通要道；三是地势高，既有利于防洪排涝而又不致发生断层、陷落、滑坡或塌方；四是地形比较平坦，土层透水性好；五是有水、有电或水电问题较易解决；六是不会造成社会公用水源的污染；七是要与村落保持150米以上的距离，并尽量处在村落下风口和低于农舍、水井的地方；八是土地开发利用价值低。

二、肉羊场场址的基本要求

（一）饲草料来源

饲草料是肉羊赖以生存的基本条件，在以放牧为主的牧场，必须有足够的牧地和草场。以舍饲为主的农区、垦区和较集中的肉羊育肥产区，必须要有足够的饲草、饲料基地或便利的饲料原料来源。羊场周围及附近饲草，特别是像花生秧、甘薯秧、大豆秸秆、大蒜秸秆等优质农副秸秆资源必须丰富。建肉羊场要考虑有稳定的饲料供给，如放牧地、饲料生产基地、打草场等。

因此，对以舍饲为主的羊场，必须有足够的饲草饲料基地和便利的饲料原料来源；对以放牧为主的羊场，必须有足够的牧地和草场。切忌在草料缺乏或附近无牧地的地方建立肉羊场。

（二）地形地势

地形是指场地的形状、范围以及地物，包括山岭、河流、道路、草地、树林、居民点等的相对平面位置状况；地势是指场地的高低起伏状况。肉羊场的场地应选在地势较高、干燥平坦、排水良好和向阳背风的地方。

第一，平原地区一般场地比较平坦、开阔，场址应注意选择在较周围地段稍高的地方，以利于排水。地下水位要低，以低于建筑物地基深度 0.5 米以下为宜。

第二，靠近河流、湖泊的地区，场地要选择在较高的地方，应比当地水文资料中最高水位高 1～2 米，以防涨水时被水淹没。

第三，山区建场应尽量选择在背风向阳、面积较大的缓坡地带。应选在稍平缓坡上，坡面向阳，总坡度不超过 25%，建筑区坡度应在 2.5% 以内。坡度过大，不但在施工中需要大量填挖土方，增加工程投资，而且在建成投产后也会给场内运行和管理工作造成不便。山区建场还要注意地质构造情况，避开断层、滑坡、塌方的地段，也要避开坡底和谷地以及风口，以免受山洪和暴风雷的袭击。

肉羊有喜干燥厌潮湿的生活习性，如长期生活在低洼潮湿环境中，不仅影响生产性能的发挥，而且容易引发寄生虫病等一些疾病。因而，切忌将肉羊场建在低洼地、山谷、背阴、冬季风口等处。土质黏性过重、透气透水性差、不易排水的地方，也不适宜建场。地下水位应在 2 米以下，土质以沙壤土为好，且舍外运动场具有 5°～10° 的小坡度。这样，既有利于防洪排涝而又不致发生断层、陷落、滑坡或塌方，地形比较平坦，土层透水性好。

（三）交通

肉羊场要求建在交通便利的地方，便于饲草和羊只的运输。羊场的交通方便而又不紧邻交通要道。距离公路、铁路交通要道远近适宜，同时考虑交通运输的便利和防疫两个方面的因素。要与村落保持 150 米以上的距离，并尽量处在村落下风和低于农舍、水井的地方。但为了防疫的需要，肉羊场应距离村镇不少于 500 米，离交通干线 1 000 米、一般道路 500 米以上。同时应考虑能提供充足的能源和方便的电信条件，特别是电力供应要正常。

充足的能源和方便的电信条件，是现代养羊生产对外交流、合作的必备条件，也便于商品流通。应根据国家畜牧业发展规划和各地畜食品种发展区划，将羊场选在适合当地主要发展品种的中心。

（四）水、电资源

水资源应符合《NY 5027—2008 无公害食品畜禽饮用水质》要求。具有清洁而充足的水源，是建肉羊场必须考虑的基本条件。羊场要求四季供水充足，取用方便，最好使用自来水、泉水、井水和流动的河水，并且水质良好，水中大肠杆菌数、固形物总量、硝酸盐和亚硝酸盐的总含量应低于规定指标。

水源水质关系着生产和生活用水与建筑施工用水，要给以足够的重视。首先要了解水源的情况，如地面水（河流、湖泊）的流量，汛期水位；地下水的初见水位和最高水位，含水层的层次、厚度和流向。对水质情况需了解酸碱度、硬度、透明度、有无污染源和有害化学物质等，并应提取水样做水质的物理、化学和生物污染等方面的化验分析。了解水源水质状况是为了便于计算拟建场地地段范围内的水资源，供水能力能否满足肉羊场生产、生活、消防用水的要求。

在仅有地下水源地区建场，第一步应先钻一眼井。如果钻井时出现任何意外，如流速慢、泥沙或水质问题，最好是另选场址，这样可减少损失。对肉羊场而言，建立自己的水源，确保供水是十分必要的。此外，水源和水质与建筑工程施工用水也有关系，主要与砂浆和钢筋混凝土搅拌用水的质量要求有关。水中的有机质在混凝土凝固过程中发生化学反应，会降低混凝土的强度，锈蚀钢筋，形成对钢混结构的破坏。

如羊场附近有排污水的工厂，应将羊场建于其上游。切忌在严重缺水或水源严重污染的地方建立羊场。尽量要求建在有电或水电问题较易解决、不造成社会公用水源的污染、土地开发利用价值低的地方。

肉羊场内生产和生活用电都要求有可取的供电条件。因此，需了解供电源的位置、与肉羊场的距离、最大供电允许量、是否经常停电、有无可能双路供电等。通常，建设肉羊场要求有二级供电电源。在三级以下供电电源时，则需自备发电机，以保证场内供电的稳定可靠。为减少供电投资，应尽可能取近输电线路，以缩短新线路架设距离。

（五）环境生态

环境应符合 GB/T 18407 的规定，了解国家肉羊生产相关政策、地方生产发展方向和资源利用等。在开始建设以前，应获得市政、建设、环保等有关部门的批准，此外，还必须取得施工许可证。

选择场址必须符合本地区农牧业生产发展总体现划、土地利用发展规划和城乡建设发展规划的用地要求。大型肉羊企业分期建设时，场址选择应一次完成，分期征地。近期工程应集中布置，征用土地满足本期工程所需面积。远期工程可预留用地，随建随征。以下地区或地段的土地不宜征用。

（1）规划的自然保护区、生活饮用水水源保护区、风景旅游区。

（2）受洪水或山洪威胁及有泥石流、滑坡等自然灾害多发地带。

（3）自然环境污染严重的地区。

（六）防疫

羊场场地及周围地区必须为无疫病区，放牧地和打草场均未被污染。羊场周围的畜群和居民宜少，应尽量避开附近单位的羊群转场通道，以便在一旦发生疫病时容易隔离、封锁。选址时要充分了解当地和周围的疫情状况，切忌将养羊场建在羊传染病和寄生虫病流行的疫区，也不能将羊场建于化工厂、屠宰场、制革厂等易造成环境污染的企业的下风向。同时，羊场也不能污染周围环境，应处于居民点的下风向。

第二节　羊场的规划及布局

各种羊舍以及舍内分区（如产羔栏、人工哺育栏、教槽饲喂栏、限制性哺乳栏）和各种附属设施都应合理规划和布局，以便羊群饲养管理及保健。羊舍的规划布局要考虑当地的自然生态条件，也要与羊场的饲养管理制度相匹配。

一、肉羊场规划原则

羊场总体设计应遵循生产区和生活区相隔离、病羊和健康羊相隔离及原料、产品、副产品、废弃物转运互不交叉的原则。人员、肉羊和物质运转应采取单一流向，生活区和管理区应位于生产区的上风方向，兽医室、病羊隔离室、储粪池要建在生产区的下风方向。各区最好按有序性坡度分布。有条件的大型肉羊场还应划出饲料用地，其灌溉用水、土壤环境质量均要达到 GB/T 18407.3 的相关规定。

二、羊舍间距要求

确定羊舍间距主要考虑防疫、日照、通风、防火和节约占地面积。

（一）防疫间距要求

要求羊舍排出的有害气体、粉尘微粒和病菌不能进入相邻羊舍。若为开放式羊舍，主导风向与羊舍长轴垂直时，要求间距不小于羊舍檐高的 5 倍；当主导风向与羊舍长轴成 30°～60°时，可将间距定为檐高的 3 倍。一般同类羊舍间距以 8～10 米为宜，不同类羊舍间距以 30～50 米为宜。

（二）通风间距要求

若采取自然通风，按防疫要求设置的间距，可顺利通风排污。若采取机械通风，羊舍间距不小于羊舍檐高即可。

（三）防火间距

羊舍耐火等级不应低于砖瓦房，防火间距不小于 10 米，相当于檐高的 3 倍。

（四）采光间距要求

从舍内光线要求来看，羊舍间距不应少于檐高的 2 倍。

（五）羊舍排列和朝向布局

可将羊舍以 10 米间距依次排列成单列，一栋或两栋羊舍设一个料塔和排污池。当羊舍数目较多时，可依次排成双列，使羊舍相对集中，便于两列共用供料路线，缩短电网距离，节省管理成本。有必要时，可将羊舍布置成三列或四列式，但一般多采用单列或双列式。

羊舍朝向的选择要既有利于通风和舍温调节，又有利于整体布局和节约土地。确定朝向时，主要考虑羊舍日照与通风情况，适宜朝向应使冬季冷风渗透少，夏季通风量大而均匀，取得冬暖夏凉的效果。在我国北方多数地区，若建设单列式肉羊舍或地面饲养式羊舍，则多数地区以坐北朝南、偏东南 8°～15°为好；新疆等地可南偏东 40°或南偏西 30°；东北等地可坐北朝南，偏西 5°左右。若建设双列式羊舍，则宜采取南北向排列，使两运动场分位于东面和西面，以利采光和冬季避风。

三、场内道路和绿化带

要将运输饲料、肉羊和进行笼具消毒等的清洁道及出粪和运输病羊的污染道分开布置，使二者互不相通和互不交叉。若难以避免交叉，则应在交叉处设隔离带。主干道宽度应为5.5~6.0米中级硬化路面，承载压力要求在25~30吨。若有回车场时，可将主干道宽缩减为3.5米。除主干道外，其他一般道路可设计为2.5~3.0米宽的低级路面。

各种绿化植物可通过阻挡、过滤和吸附作用，减少羊场空气中的细菌含量，达到美化、净化和改善环境的功能。某些植物还有分泌抑制或杀灭微生物的物质，产生消毒和防疫效果。肉羊场绿化覆盖率应达到30%以上，并在场外缓冲区建5~10米的环境净化带。

第三节　羊舍的建造

一、设计原则

肉羊场的设计应达到GB/T 18407.3《农产品安全质量　无公害畜禽肉产地环境要求》规定的环境标准。规划设计羊舍时，应遵循以下原则。

（一）符合羊的生物学特性

应充分考虑舍饲对肉羊生理习性、行为学模式带来的影响，尽量吸收自然放牧饲养模式的优点，满足羊的动物福利要求。

（二）适应当地的气候和地理条件

羊舍能达到冬季防寒、防雪，夏季防暑、防潮、防雨，通风换气良好，为羊提供舒适的生活环境。

（三）适合肉羊生产工艺的要求，便于饲养管理

应充分考虑降低生产成本、提高劳动生产率、设备合理应用的可能性，为各种生产机械的安装使用留足空间，提供方便。

（四）兼顾建筑学上的经济实用性

在满足肉羊生物学特性的前提下，选用经济实用的建筑材料，尽量降低建设成本。

二、肉羊舍设计内容及基本参数

（一）肉羊场设计内容

推广标准化羊舍建设，有利于促进养羊业向规模化、专业化、规范化、科学化方向发展。我国目前尚无适用于不同地区的肉羊场设计、建筑国家标准，可根据相关的标准进行羊舍设计。标准化羊舍建设内容包括羊舍（基础母羊舍、种公羊舍、育成母羊舍、羔羊舍、产羔舍）、运动场、饲喂和饮水系统、排污系统、储草棚、青贮窖、饲料加工间、沼气池建设等。

（二）肉羊对环境的要求

1. 温度和湿度

国外早熟型肉用绵羊生长发育所需适宜温度 8~22℃，临界低温和高温分别为-5℃和25℃；国内粗毛羊的临界低温和高温为-15℃和25℃；羔羊初生时适宜温度为27~30℃。冬季产羔舍最低温度不应低于10℃，其他羊舍温度应在0℃以上；夏季羊舍温度不应超过30℃。通常羊的生长发育所需适宜的相对湿度为50%~80%。

羊对极端天气很敏感，过度高温和过度低温均可影响羊的健康及生产性能，应采取措施减少极端气候对羊造成的不利影响，尽量避免热应激和冷应激。在新生羔羊、成年羊剪毛后，体况不佳，连天阴雨等情况下，羊容易感冒。因此，应提供有效的防雨设施，可通过修建棚舍、栽培灌木和树木等措施增强

肉羊抵御风寒能力。为维持冬季舍内温度适宜，除必要的加热装置外，应合理设计羊舍。南向羊舍的受光面积大，接受强日照时间长，利于羊舍保温。因此，羊舍以坐北朝南为宜。据测定，自然通风的砖混结构羊舍可营造相对适宜的小气候环境，夏季白天舍内温度平均可比舍外低 2.9℃ 左右，而冬季舍内温度可比舍外高 8～10℃，舍内有害气体浓度也远低于家畜环境卫生学标准的要求。

2. 通风和换气

一般羊舍中夏季二氧化碳和氨气浓度分别以 2 694 毫克/立方米、18 毫克/立方米（冬季分别以 2 946 毫克/立方米，20 毫克/立方米）为限。羊舍空气中总悬浮颗粒、二氧化硫、氮氧化物、氟化物等指标参见 GB/T 18407.3。成年肉用绵羊冬季和夏季通风换气参数分别要求在 0.6～0.7 立方米/（分·只）、1.1～1.4 立方米/（分·只），育肥羔羊分别为 0.3 立方米/（分·只）、0.65 立方米/（分·只）。一般羊舍冬季舍内风速宜在 0.1～0.2 米/秒，最高不过 0.25 米/秒。

对于封闭式羊舍来说，要具备良好的通风换气功能（机械通风、自然通风均可），以利散热、散湿、除尘、降低舍内二氧化碳和其他有害气体浓度，减少空气传播性传染病发生。通风口设置要合理，不要正对羊，造成穿堂风。可在羊舍墙壁上开设窗户或通风口（10 厘米×15 厘米）来实现空气对流。

3. 光照

肉羊舍应具有适宜的光照，并和气候条件相适应，不得使肉羊长时间处于黑暗中。光照可采用自然光或人工光源。成年羊舍的采光系数以 1∶（10～15）为宜，羔羊舍 1∶（15～20），产羔舍采光系数可略低。为增大羊舍自然光的采光面积，应考虑羊舍高度、跨度和窗户大小等因素，合理设置窗户大小及位置。羊舍相对较高和窗户面积较大均有利于阳光透射入内，以提高羊舍内部温度，有利于羊群越冬，但不利于夏季消暑降温。若使用人工光照，从动物福利的角度考虑，人工光照时间应和自然光照时间大致相同。人工光照也应具有适宜的强度，以便对羊实施检查。一般舍内照明，每40立方米可安装100瓦灯泡1只即可。

4. 空间需求

羊舍设计和建设应考虑地形、气候、羊的年龄和体格大小、羊对空间和饲料的要求、劳力和管理技术等方面因素。应为羊提供充足的空间，满足羊站立、转身、躯体伸展、躺卧的空间要求，不能过度拥挤。在舍饲条件下，饲养密度过大、建筑设施不合理以及环境过于单调都会使羊的许多正常行为表现受到抑制或完全丧失，从而导致生产水平下降。

集约化饲养肉羊最小空间需求量因品种、性别、年龄、生理状态、气候条件等因素变化而变化。

每只羊所需的羊舍面积可按 $A = 0.063W^{0.64}$ 来估计。其中 A 为所需羊舍地板面积，W 为体重。

目前我国尚无统一的绵羊和山羊最小空间需求标准，各类肉羊的最小空间需求可参见表1-1和表1-2。

表1-1　各类羊所需的羊舍面积（单位：平方米）

种类	土质地面散养	开放式棚舍	土质地面舍饲	漏粪地板舍饲
繁殖母羊	1.9	0.7	1.1~1.5	0.7~0.9
带羔母羊	2.3	1.1	1.5~1.9	0.9~1.1
公羊	1.9	0.7	1.9~2.8	1.3~1.9
羔羊	1.4~1.9	0.6	0.7~0.9	0.4~0.6

表1-2　不同体重绵羊和山羊羊舍面积及槽位宽度推荐值

体重（千克）		羊舍面积			槽位宽度
		硬质地面 （平方米/只）	漏粪地板 （平方米/只）	散养 （平方米/只）	（厘米/只）
母羊	35	0.8	0.7	2	35
母羊	50	1.1	0.9	2.5	40

（续表）

体重（千克）		羊舍面积			槽位宽度（厘米/只）
		硬质地面（平方米/只）	漏粪地板（平方米/只）	散养（平方米/只）	
母羊	70	1.4	1.1	3	45
羔羊		0.4~0.5	0.3~0.4		25~30
公羊		3.0	2.5		50

（三）肉羊舍建筑材料及建筑要求

1. 建筑材料

羊舍建筑材料可根据当地的资源和价格灵活选用。密闭式羊舍可为砖木结构或钢架结构。屋架结构可用木料、镀锌铁及低碳钢管等建造；墙体可以采用砖、石、水泥等建造。棚舍的承重柱可用镀锌铁管，框架结构用低碳钢管，天花板用镀锌波纹铁皮、石棉瓦等。饲槽、水槽要用钢板或铁皮，其中的承重架可用低碳圆钢材料，也可用水泥建造饲槽。围栏柱用角铁或镀锌铁管，分群栏及活动性栅栏都用镀锌铁管。油漆等要选用无铅环保性材料。

2. 地面建设

羊舍地面的设计应考虑到羊的体型和体重，要具备稳固、平整和舒适的特点，利于羊躺卧；排水良好，易于除去粪便和更换垫料，不易对羊造成伤害。若在羊舍内使用垫草，则应洁净、干燥、无毒且经常更换。使用漏缝地板的羊舍也应充分考虑上述保护性原则。

羊舍地面可用碾碎的石灰石或三合土（石灰石、碎石及黏土比例1：2：4，5~10厘米厚）或砖砌地面。若用高架羊床及自动清粪装置，则需建成水泥地面。舍内地面应高出舍外地面20~30厘米，且向排水沟方向有相对坡度为1%~3%的倾斜；排水沟沟底需有0.2%~0.5%的相对坡度，且每隔一定距离要设1

个深 0.5 米的沉淀坑，保持排水通畅。若为单坡式羊舍，在羊舍与运动场接触的边缘区，可建 25~50 厘米宽的水泥带，外邻 10~15 厘米宽的排水槽，这样舍内流出的水可经排水槽进入排水道。若是双坡式羊舍，水泥护裙的宽度可达 1.2~1.4 米，相对坡度可为 4%，这样有利于保持舍内清洁。

3. 羊床

羊床应具有保暖、隔热、舒适的特点。据观察，羊对各种类型羊床或地面没有明确的选择性，但剪毛后的羊只偏好质地柔软的羊床或地面。长期在塑料地板上饲养的羔羊，容易出现铜中毒症。

若进行地面饲养，可用秸秆、干草、锯末、刨花、沙土、泥炭等作为垫料。若饲养肉毛兼用型羊，不宜用锯末作垫料。刨花和花生壳等吸湿性较差（表 1-3），但仍可作垫料。不管用哪种垫料，都要及时更换，保持干燥和清洁。

集约化羊场可采用漏缝地板。漏缝地板可用宽 3.2 厘米、厚 3.6 厘米的木条（或竹条）筑成，要求缝隙宽 1.5~2.0 厘米，粪尿可从间隙漏下。漏缝地板距地面高度可为 1.5~1.8 米（高床），也可仅为 35~50 厘米（低床）。高床便于人工清粪，而低床可采取水冲洗或自动清粪。若建造低床并配套刮板式清粪机，可降低劳动强度，减少单位羊的空间需求，营造干燥、干净、避暑清凉、防寄生虫感染的环境。此外，还用 0.8 厘米×5.5 厘米的镀锌钢丝网制作漏粪地板。已有商品化羊用聚丙烯塑料漏缝地板，但价格较高。

表 1-3　羊圈各种垫料的吸湿性

垫料类型	吸湿率 *
麦秆	2.1
大麦秆	2.0
燕麦秆	2.4~2.5

（续表）

垫料类型	吸湿率＊
干草	3.0
锯末	1.5~2.5
刨花	1.5~2.0
玉米秆	2.5
沙子	0.3
泥炭	10.0

＊单位重量干料吸收水分的重量

4. 门窗

羊舍大门一般应高 1.8~2.0 米，宽可为 2.2~2.3 米。若是地面饲养，则门宽可达 3 米，以便拖车等机械进入。羊舍门槛应与舍内地面等高，并高于舍外运动场地面，以防止雨水倒灌。封闭式羊舍窗户一般应设计在向阳面，窗户与羊舍地面积比应为 1：（5~15）；窗户应距舍内地面 1.5 米以上，本身高度和宽度可分别为 0.5~1.0 米、1.0~1.2 米。种公羊和成年母羊可适当加大，产羔舍或育成羊舍应适当缩小。

5. 屋顶和墙壁

屋顶应视各地气候和经济条件等因素决定。在较暖的地区，冬季羊舍的顶棚可适当简陋些。而在寒冷地区建羊舍时，应注意屋顶保暖性。一般可用木头、低碳钢管、镀锌铁柱做支架，其上衬托防雨层和隔热层。防雨层可用石棉瓦、镀锌波纹铁皮、油毡等材料制作，隔热材料可用聚氨酯纤维、泡沫板、珍珠岩等。此外，还要安装雨水槽，将雨水汇入下水道排出。

羊舍墙壁必须坚固耐用、保温好、易消毒。可建成砖木结构和土木结构，常用的材料包括砖、水泥、石料、木料等。墙体厚度可为半砖（12 厘米）、一砖（24 厘米）或一砖半（36 厘米）。寒冷地区墙体尽量厚些，以增加冬季保温性能。在墙基部可设置踢脚、勒脚，高度约为 1 米，以便消毒及防止羊的损坏。同时也可将舍内墙角建成圆角形，以减少窝风区，达到保温、干燥、经久耐用的效果。

（四）羊舍类型

1. 开放式简易棚舍

开放式棚舍四面均无墙壁，开口在向阳面、单面或两面有运动场。这种羊舍适用于南方湿热地区，优点是光线充足、通风良好、造价低，夏季可作为凉棚和剪毛棚；缺点是冬季舍内较冷。若羊冬季在舍内产羔，需注意保暖和护理。开放式羊舍的跨度可为 5 米以上，檐口高度 2.2~3.0 米，长度可根据养殖规模大小而定。

2. 日光温室暖棚

塑料暖棚对我国北方羊舍内小气候改善作用很明显。据山西的试验报道，在外界日平均气温为 -7.8℃ 时，半封闭式塑料暖棚内温度可比外界高 13℃ 左右，暖棚内最低温度一直超过 0℃。此外，暖棚内湿度、氨气、二氧化碳、硫化氢等有害气体浓度均符合标准。成年羊增重、羔羊成活率均显著高于对照组。

该类羊舍包括半封闭式和全封闭式两种，可用塑料或玻璃钢做屋顶，是一种利用太阳能改善羊舍温热环境的有效羊舍设计（图 1-1），适宜于我国北方气候寒冷地区。在设计塑料日光温室暖棚时，应考虑当地冬季太阳高度角，要求塑料坡面与地面构成适宜的屋面角，最好使阳光垂直透过塑料面。华北和西北地区修建塑料暖棚时适宜的屋顶角可为 45°~60°，暖棚宜坐北向南偏东 5°~8°。东北地区塑料暖棚朝向应以北朝南偏西 5° 左右为宜，屋面角可为 10°~30°。

3. 半封闭式单坡羊舍

三面有墙，前面敞开，具有跨度小、采光好、成本低的特点，适宜于温暖地区。跨度一般为 5.0~6.0 米。檐口高度可为后高 1.7~2.0 米、前高 2.2~2.5 米，屋顶斜面呈 45°。在南方

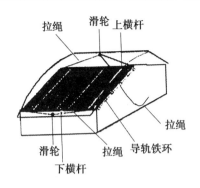

拉绳　　滑轮　上横杆

拉绳

滑轮　　拉绳　导轨铁环

下横杆

**图1-1　新疆地区一种塑料日光温室棚舍
外观示意图（由张居农提供）**

温暖地区，可采用前高3.5米、后高3.0米。饲料槽可安装在两侧壁或屋中间。可在敞开面安装栅栏或建半高墙，在中间开3米×1.2米的门。

待产母羊产前1周左右进入产羔舍，产羔后再停留1周左右。在产羔舍内也应留出适度的空间，作为人工哺育羔羊栏。

4. 双坡双列式羊舍

该类型羊舍多为大、中型肉羊场采用，四周墙壁封闭严密，屋顶为双坡，跨度大，保温性能好，适合北方和南方地区。在温暖、潮湿大部分地区，在双坡羊舍内可采用漏缝地面。双坡式羊舍跨度一般为10~12米，舍内走道宽1.3~1.5米，檐口高度2.2~3.0米。每间栏舍面积4.8米×4.5米。每圈设一圈门：高1.8~2.0米，宽2.0~2.2米。对应每圈设一面积为0.8米×0.8米的后窗；羊舍窗台距离地面1.3~1.5米。可在对应每间栏舍的屋脊上设一风帽。同双坡单列式羊舍，可设置专门产羔室和羔羊人工哺育栏。

5. 双坡地面饲养羊舍

双坡地面饲养羊舍与双坡双列漏缝地板羊舍一样，可为砖混结构的有窗封闭式建筑，具有跨度大、室内空间大的优点，可满足羊的行为学特点及其动物福利要求，成本相对较低，但采用地面饲养，每天需要人工清粪，所以劳动强度较大。

三、羊场规划与羊舍设计案例

（一）半封闭式羊坡羊舍

图1-2为半封闭式地面饲养育肥舍布局图。两间羊舍耦联，可容纳100只从断奶到40千克活重育肥羊。饲喂通道可用于分群，在饲喂通道、棚舍区等处还设小门，露天区周围完全用围栏封闭。对于体重高于40千克的育肥羊，可将每间棚舍的长度加长到8米，露天区跨度可由6米改为7米。若育肥羊总数量超过100只，可根据上述尺寸加倍。

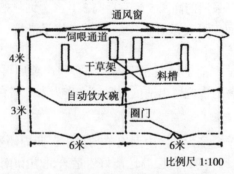

图1-2　100只断奶到40千克活重羔羊育肥舍设计
（断续线表示围栏区）

（二）日光温室羊舍

以吉林省农业科学院王大广等提出的适宜于东北的日光温室为例，说明羊舍建筑设计主要参数。

（1）跨度8米，长度以25~60米为宜，屋面角以10°~30°为宜。

（2）四面墙壁高度分别为北墙2.2米，南墙1米，东西山墙2.2米，斜坡棚面高度：北沿高2.2米，南沿高1.5米。北墙与东、西山墙厚为37厘米，南墙厚为24厘米。

（3）通风窗。北墙设有上、下两排通风窗。上窗口尺寸 1 米×1 米，窗间距 3 米；下窗口尺寸为 0.5 米×0.5 米，窗间距 1.5 米。下窗口下沿距地面 0.3 米，上、下窗间距 0.1 米。南墙上沿与棚面南沿间距为 0.5 米，是完全开放式通风口。

（4）围栏。舍内设宽 1.5 米的东西向过道；两侧设有围栏，每个围栏东西长 4 米，南北宽 2.75 米。过道两侧设隔墙，高 0.3 米，厚 0.24 米，隔墙上放料槽。每个围栏设一个小门，门高 1 米，门宽 0.8 米。每个围栏高度均为 1 米。

（5）北屋面靠近北墙，宽 1.5 米，高 2.2 米，由 2.5 厘米厚木板铺设，上压防雨和保温层，是卷放草苫的作业部位。在其上每隔 8 米装一个冬季换气天窗，天窗尺寸为 0.3 米×0.3 米。

（6）南屋面是透光面，由塑料薄膜和拱架及压膜杆组成。拱架用铁管、竹竿等制作，间距 1 米。压膜杆用料与拱架相同，间距同为 1 米。

（7）薄膜用聚氯乙烯薄膜，厚 0.1～0.2 毫米。草苫厚 3～4 厘米，宽 1.2 米。

（8）入舍门开在山墙，高 1.8 米，宽 1.5 米。运动场面积按羊舍面积的 2～3 倍设计，搭置凉棚用于遮阳和挡雨。

（三）双坡地面饲养羊舍

以内蒙古赤峰红武规模化舍饲养羊场为例，说明双坡地面饲养羊舍设计技术参数。

（1）羊舍朝向为南北向（坐北朝南）、东西向（坐东朝西、坐西朝东）。

（2）羊舍长 43.2 米，跨度 9.6 米，檐口高 2.6 米，屋脊高 4.8 米。每栋羊舍包含 12 间，每间长 3.6 米；其中南北朝向的羊舍东侧、东西朝向的羊舍北侧为工作间和产房，占 2 间。

（3）墙体厚 37 厘米，双坡屋顶，木屋架，屋顶上均匀设置 3 个风帽。

（4）若为南北朝向羊舍，在每间羊舍的南墙开设一个 2.5 米×1.6 米的窗洞，在南墙中间开设一个 2.5 米×2.6 米的大门，在每两间羊舍的北墙设计 1.2 米×1.4 米的窗户。若为东西朝向羊舍，则在每间羊舍的东墙开设 2.5 米×1.6 米的窗洞，在东墙中间开设 2.5 米×2.6 米的大门，在每两间羊舍的西墙设计 1.2 米×1.4 米的窗户。

（5）羊舍内无围栏，采用砖地面，冬季在其上面铺垫干羊粪或其他适宜垫料。食槽沿四周墙壁设置。采取自然通风，根据季节和天气状况的变化及时开闭窗户和屋顶通风帽。无加热供暖设备。

（6）在每栋羊舍前边开设长×宽为 43.2 米×30 米、三合土地面的运动场，在其中设置水槽。

（四）双坡单列式羊舍

以山东地区小尾寒羊种羊场的羊舍为例，说明双坡单列式羊舍规划设计。该场饲养 300 多只成年小尾寒羊，种羊分 4 组，施行两年三产的繁殖周转模式。

1. 总平面设计

根据当地地形地势、主导风向等具体条件，将办公室、宿舍、食堂和车库等设在东南部，生产区在北部。生产区羊舍采用双列式布置，羊舍间距 24 米，设 2 条净道和 3 条污道，各羊舍间还设便道。各区域有隔墙和林带相隔。羊场大门口设有消毒更衣室、门卫室、车辆消毒池，生产区四周由围墙绿化带等与外界相隔。场区南北侧距主要公路近，交通、水力、电力都很便利。

2. 羊舍建筑设计

（1）哺乳母羊舍和空怀母羊舍。总长 64.8 米，跨度 6 米，建筑面积 388.8 平方米，运动场设在南面，羊舍与运动场面积比为 1∶2.5，舍内设有饲料间和休息室各 1 间，共有单列式羊栏 16 栏，5 只/栏，80 只/栋。每只 2.6 平方米，食槽宽度 50 厘米/只，栏位宽 3.6 米。

（2）妊娠母羊舍。建筑和舍内布局同上，仅增加每栏羊数量（10 只/栏），160 只/栋。每只羊所占羊舍面积为 1.4 平方米，采食宽度 36 厘米/只。

（3）育成、后备母羊舍。舍长 43.2 米，跨度 6 米，建筑面积为 259.2 平方米，舍内设有饲料间和休息室各 1 间，共有单列式羊栏 10 栏。育成羊 4 栏，12 只/栏，每只 1.1 平方米；后备母羊 6 栏，12 只/栏，每只 1.1 平方米。每栋羊舍 120 只羊，食槽宽度 22 厘米/只，栏位宽 3.6 米。

（4）待配母羊和种公羊舍。舍长 43.2 米，跨度 6 米，建筑面积为 259.2 平方米，舍内共有 10 栏。种公羊 3 栏，3 只/栏，食槽宽度 80 厘米/只，每只公羊所占面积为 4.4 平方米。后备公羊单独占 1 栏。待配母羊 6 栏，14 只/栏，食槽宽度 20 厘米/只，每只占 1.0 平方米。

（5）隔离舍。舍长 64.8 米，跨度 6 米，建筑面积为 388.8 平方米，共有 14 栏，栏宽 3.6 米。

（6）舍门。以上各羊舍均有双扇平开门，山墙门高 2.0 米，宽 1.5 米。舍内喂料通道宽 1.8 米；南墙根据羊栏的数量，每栏设 1 个洞口进入运动场，洞口采用推拉门。运动场上设草架，舍内羊栏、运动场各设 1.0 米高、1.0 米宽小门。在运动场南 0.6 米处设 1 条 0.4 米宽排水沟。

（7）窗户。羊舍北窗为推拉窗，窗台高 1.2 米，窗户宽 1.8 米、高 1.2 米。南窗为卷帘窗，有半截墙，窗台外侧下 12 厘米里面设掐沟以固定卷帘。

（8）料槽。每栏设 1 个 "U" 形料槽，长、宽、高分别为 2.6 米、0.4 米、0.4 米。两栏共用 1 个水槽，长、宽、高分别为 1.2 米、0.4 米、0.2 米，槽底设地漏。

（9）羊床及运动场。地面均为侧铺浆垫红砖地面，砖厚 12 厘米，羊床坡度 1%，运动场相对坡度 2.5%，喂饲道地面为 10 厘米厚混凝土地面，砖砌外抹灰食槽和水槽。

（10）屋顶。为双坡式钢屋架，用 10 厘米彩钢复合板搭建；砖混结构清水墙，厚 24 厘米，舍净高 2.6 米，舍内饲料通道宽

1.8 米；舍内及运动场的围栏均高 1 米。

第四节　羊场的设施设备

一、饲喂设备

饲喂设备应注意卫生，保持清洁，减少污染，避免不必要的反复清洗。要有专门的料槽和草料架，避免污染和浪费。

肉羊的饲喂空间需求取决于个体大小及同时进食羊的数量。若饲喂颗粒谷实饲料和青干草，成年羊平均所占的饲槽宽度应达 30~45 厘米/只，较大羔羊为 25~35 厘米/只。若使用自动饲喂系统，则断奶前羔羊的饲槽宽度应达 4 厘米/只，断奶后羔羊为 6 厘米/只，较大羔羊为 10 厘米/只。图 1-3、图 1-4、图 1-5 分别为适用于母羊、羔羊谷实颗粒料和干草饲喂的几种饲喂设备。其中，羔羊自助式饲喂器可保持饲料清洁及提高羔羊颗粒饲料利用率，也能大大节省人工。

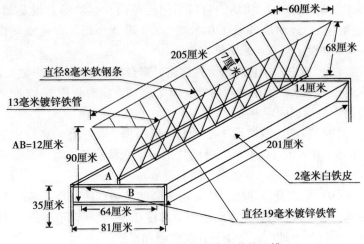

图 1-3　轻便型颗粒料及青干草饲喂槽

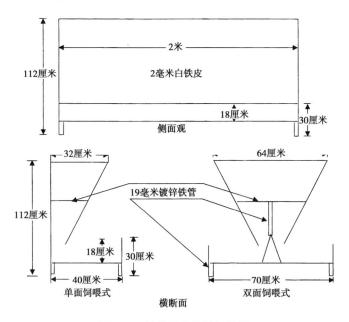

图1-4　羔羊用自落料饲喂器

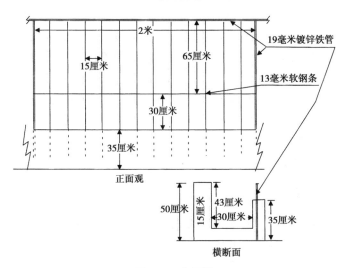

图1-5　水泥槽

二、饮水设备

常用的饮水设备包括饮水槽、自动饮水乳头和饮水碗等。

(一) 饮水槽

可用水泥槽或用截开的油桶作为饮水槽。槽中水温要适宜，不能过冷或过热，饮水空间要充足。一般每只羊需要 2~3 厘米的饮水槽位。若水源压力不足、进水管过细及因夏季炎热饮水量大时，可增加饮水槽位至 30 厘米/只。若羊群大于 500 只时，应增加至 31.5 厘米/只。饮水设备安置也要合理，还要避免掉落的杂物污染水体。在饮水设备周围应有排水沟或者建成水泥地面，以免水槽周围地面泥泞不堪，有利于蚊蝇滋生。

(二) 自动饮水系统

自动饮水系统一般由水井 (或其他水源)、提水系统、供水管网和过滤器、减压阀、自动饮水装置等部分组成。可先将饮水储存在专门水塔或水罐内，经地埋 PVC 管输送到羊舍，然后改为直径 30 毫米的镀锌管 (距地面 1.1 米)，顺羊舍背墙，穿越隔墙，形成串联性供水管道。在管道最末端可直接安装弯头落水管或自动饮水设备。自动饮水器有鸭嘴式、碗式和乳头式等，目前普遍采用的是自动饮水碗和鸭嘴式自动饮水器。

若用饮水碗，1 只饮水碗分别可满足 40~50 只带羔母羊、50~75 只羔羊的饮水需要。而 1 只饮水乳头可满足 15~30 只羊需要。一般要在每个圈舍内安装 2 个以上饮水碗或饮水乳头。在使用自动饮水器前，要对羊进行调教。

三、围栏

用围栏可将羊舍内大群羊按年龄、性别等分为小群，划分出产羔栏、哺乳栏、教槽饲喂栏、人工哺乳栏等不同功能单元，减少羊舍占地面积，便于饲养管理和环境保护。此外，羊舍外运动场周围也要使用围栏。围栏可用木材、铁丝网、钢管等材料制作。肉用绵羊围栏以 1.5 米较合适, 肉用山羊的应高于 1.6 米。图 1-6（左）为一种羔羊补饲栅门, 只可容早期羔羊通过, 用于羔羊教槽饲喂。图 1-6（右）为一活动栅栏, 可用于围成短期羔羊人工哺育栏、临时性产羔栏等。图 1-7 为常用的分群栏。

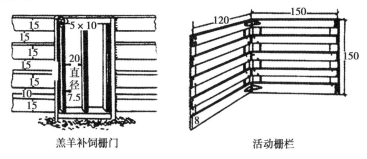

羔羊补饲栅门 活动栅栏

图 1-6 常用栅栏设计（单位：厘米）

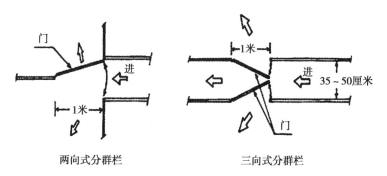

两向式分群栏 三向式分群栏

图 1-7 常用的分群栏

四、干草棚和饲料原粮仓库

干草棚是必需的附属设施之一, 可用于储存各种青干草, 以备冬天使用。干草棚数量和干草储备量多少可依据饲养模式和羊的数量而定。一般成年羊、育成羊和羔羊每只每天需要的干草量分别为 2 千克、1 千克、0.1~0.8 千克。每吨苜蓿干草、禾本科干草、秸秆占用的储存空间, 据此可估算需要修建干草棚的数量和大小。

　　饲料储存仓库可用砖或水泥块修建，也可用其他材料修建，应靠近羊舍。若从外购混合饲料，需要的仓库储存容积相对较小。若羊场自己配制饲料，需要的仓储容积大。这时还需要有配套设备，如饲料检验、称量、粉碎、搅拌设备等。注意要筛除饲料原料中的钢丝、碎玻璃等物质，以免对羊的健康造成损害。若制作颗粒饲料，应准备专用的储存罐或其他容器。

五、消毒设施

　　应分别在羊场大门口、生产区入口处及羊舍门口设置消毒池和消毒间等。消毒池宜为防渗硬质水泥结构。大门口消毒池的宽度应与大门口宽度基本相等，长度为进场大型机动车车轮 1.5 个周长，深度为 15 厘米左右，池顶可修盖遮雨棚，池四周地面应低于池沿。池内放 2%氢氧化钠溶液或 20%石灰水，每周更换 1 次。

　　生产区大门口消毒池长、宽、深应与本场运输工具车相匹配。消毒间应开两个门，一侧通向生活管理区，一侧通向生产区。消毒间可装紫外线灯，地面应设有消毒垫或设喷淋消毒设施。一切人员皆要在此换衣，带上鞋套，并用漫射紫外线照射 5~10 分钟，或用全自动感应喷雾消毒机喷雾消毒 5~10 秒。可设立淋浴室，供员工淋浴后换穿场内专用工作服、鞋。生产区内每栋羊舍前应设消毒垫和消毒盆。

　　羊场除建造消毒池和消毒间外，还应配备高压清洗机、喷雾消毒机、火焰喷射器等各种消毒专用设备。

六、药浴池

　　药浴池是预防和治疗羊外寄生虫病的专门设施。要合理设计好药浴池，尽量减少药物暴露时间及药液外溅对羊场环境可能带来的不利影响，保证人体和羊群安全。

（一）药浴池设计原则

药浴池设计的主要原则有：药浴池要建在地势较低处，远离居民生活区和人畜饮水水源。在室内药浴容易吸入过多的蒸汽，所以药浴应在通风良好的室外进行。药浴池与水源的距离要保持在 50 米以上，与水龙头距离在 10 米以上。要有专门通道引导羊进入药浴池，药浴池入口要有一定坡度。药浴池要防渗漏，可在药浴池周围装上挡板，高度应在操作人员腰部以上，这样可避免药液外溅。在药浴池边，要有专门水管供应清洁水源，用于稀释药物或洗涤药浴池，还要考虑药液清除问题。药浴池出口要有一定斜坡，使出浴羊滴落的药浴液回流入池内。

（二）药浴池设计参数

我国尚无羊场药浴池修建的专门规定，可借鉴国外的先进经验进行药浴池设计。图 1-8 为英国卫生与安全管理协会介绍的一种典型羊用药浴池设计。该设计的主要特点是高度重视药浴过程中人和羊的安全，用防水材料建造了药液挡板，可避免药液外溅带来的环境污染问题，安全性好。

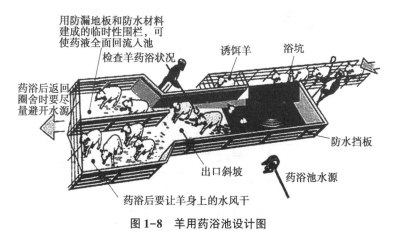

图1-8　羊用药浴池设计图

　　图1-9为集约化肉羊场设计的另一种药浴池，可供参考。这种药浴池主要用水泥、砖、石、钢管等材料建造；形状为长方形，全长超过14.5米，池底宽0.5米，池顶宽0.9米，可容1只羊通过而不能转身；池最深处约1.4米，实际用时可根据羊体格大小不同装液，以药液不淹没羊头为准；池入口呈陡坡状，羊群依次进入池中洗浴；出口处有小台阶，羊可缓慢出池，走上台阶，进入漏斗形围栏。

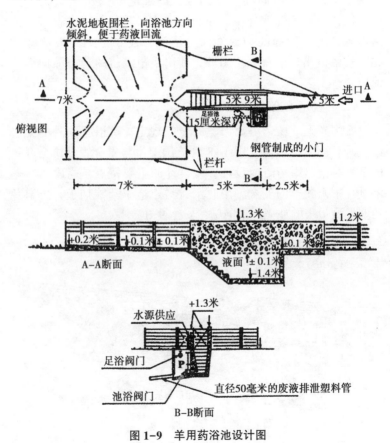

图1-9　羊用药浴池设计图

七、粪便堆场和污水储水池

肉羊场粪污堆放储存应符合 HJ 497《畜禽养殖业污染治理工程技术规范》及 NY/T 1168《畜禽粪便无害化处理技术规范》的要求。粪便堆场和污水储水池应设在生产及生活管理区常年主导风向的下风向或侧风向处，距离各类功能地表水源要在 400 米以上，应同时采取搭棚遮雨和水泥硬化等防渗漏措施。粪便堆场的地面应高出周围地面至少 30 厘米。实行种养结合的肉羊场，其粪便存储设施的总容积不得低于当地农林作物生产用肥的最大间隔时间内本肉羊场所产粪便的总量。

八、其他附属设备

除上述设备和设施外，集约化肉羊场还应配制其他设备。饲料加工设备，需要精饲料加工设备、粗饲料粉碎机等。若在生产区门口内安装地磅，可方便生产资料和产品称量。有条件的羊场，可安装自动监控设备，可提高管理效率。此外，我国部分地区冬季舍内温度达不到羊的适宜温度，可提供采暖设备。供热保温设备主要用于产羔舍，以利提高羔羊成活率。常用的保温取暖设备有挡风帘幕、电热风器、红外线灯、加热地板、暖气系统、太阳能采暖系统等。为节约能源和降低成本，现有肉羊场多采用自然通风方式，但在炎热地区和炎热天气，应该考虑使用通风降温设备。可选用的通风设备包括通风机、水蒸发式冷风机、喷雾降温系统。此外，还可以采用温控系统。

第二章　肉羊品种和杂交模式的选择

第一节　国内外主要的肉羊品种及特征

一、肉用绵羊品种

(一) 引进肉用绵羊

1. 萨福克羊

【原产地】原产于英国的萨福克、诺福克等地，具有体格大、肉用体型好、早熟、生长快、胴体品质好等特点。在英国、美国等国家长期被视为终端杂交的最佳父本，但近来有逐渐被特克赛尔等品种替代的趋势。我国宁夏、新疆等地都有引进，适应性和杂交改良效果较好。

【外貌特征】体格大，头长耳平，鼻梁微隆，颈粗短，胸宽深，肋骨开张，背腰和臀部宽平，肌肉丰满，四肢粗壮。脸部和四肢均无被毛覆盖，呈黑色。成年羊身躯被毛呈白色，混生杂色纤维。羔羊体躯部被毛为灰色，外表美观。

【生产性能】成年公羊体重 113～159 千克，成年母羊 81～113 千克。初生羔羊、3 月龄及 6 月龄体重分别为 5.34 千克、31.52 千克、47.44 千克。0～3 月龄和 3～6 月龄平均日增重分别可达 290.00 克、176.89 克。屠宰率在 50% 以上。成年公羊剪毛量 5～6 千克，成年母羊 2.25～3.6 千克。羊毛细度 25.5～33.0 微米（48～58 支），毛长 5～8.75 厘米。产羔率为 130%～140%。

2. 白萨福克羊

【原产地】原产于澳大利亚，是由萨福克、无角道赛特、边区莱斯特等杂交选育而成。

【外貌特征】体型外貌特征类似于萨福克羊，体格大，肉用体型好，生长快，瘦肉率高，但全身均呈白色，被毛品质较黑头萨福克佳（图2-1）。

图2-1 白萨福克公羊

【生产性能】我国甘肃等地已引入白萨福克羊。据观察，初生羔羊、3月龄及6月龄体重可达4.90千克、31.35千克、49.47千克。0~3月龄和3~6月龄日增重分别可达384.12克、201.33克。初生重较萨福克羊略低，但断奶后生长速度比黑头萨福克羊快，杂交改良效果也比萨福克羊略好。

3. 无角道赛特羊

【原产地】原产于澳大利亚和新西兰，继承了有角道赛特羊性成熟早、生长发育快、全年发情、耐热及适应干燥气候条件的优良特性，在注重羊毛生产及适应性要求的大洋洲很受欢迎，是肥羔生产的主要父本。我国西北地区已引进，适应性和杂交效果良好。

【外貌特征】体格中等，无角，头部两眼连线以前区域无毛，耳中度大且向两侧平伸，颈部发育良好，胸宽深，背腰宽平，四肢健壮，后躯丰满，肉用体型好（图2-2）。

图2-2　无角道赛特母羊群

【生产性能】成年公羊体重80～120千克。成年母羊体重65～75千克，剪毛量2.25～4.0千克。羔羊初生重、3月龄及6月龄重分别可达3.95千克、33.24千克、48.79千克。断奶前增重速度较快。羊毛细度27.0～33.0微米（46～58支），毛长6～10厘米。产羔率在110%～130%，是为数不多的可常年繁殖的引进肉羊品种之一。

4. 夏洛莱羊

【原产地】原产于法国，耐粗饲，耐干旱、潮湿、寒冷等各种恶劣气候条件，主要用作肥羔生产的终端父本。我国1987年引入，在东北地区适应性和杂交改良效果良好，但杂交后代有杂毛。

【外貌特征】体型大，公母羊均无角，体形呈圆筒状，被毛细短，脸部呈粉红色或灰色，头粗短，耳平伸，颈部粗壮，体躯肌肉丰满，瘦肉多，肉质好。

【生产性能】成年公羊体重110～140千克，成年母羊体重80～100千克，剪毛量3.0～3.5千克。羔羊初生重较大，6月龄公、母羔羊体重分别在48～53千克、38～43千克，但同期增重速度比不上萨福克羊和道赛特羊。羊毛细度30～31微米（56～60支），毛长6.5～7.5厘米。属季节性发情，产羔率在135%～

190%，发情时间集中在 9—10 月。

5. 德国肉用美利奴羊

【原产地】产于德国萨克森州农区，属肉毛兼用型品种，主要特点是早熟、羔羊生长发育快、产肉量高、繁殖力强以及被毛品质好，对干旱气候条件及各种饲养管理条件都能很好地适应，可作为集约化肥羔生产的母本。

【外貌特征】全身被毛白色，体格大，公、母羊均无角，颈部无皱褶，胸深宽，背腰平直，肌肉丰满，后躯发育良好（图2-3）。

【生产性能】成年公羊体重 120～140 千克，成年母羊体重70～80 千克。羔羊生长发育快，0～3 月龄及 3～6 月龄平均日增重分别为 264 克、223 克。杂交改良效果好，德国美利奴羊与小尾寒羊的杂种羔羊 3 月龄和 6 月龄体重较道赛特与小尾寒羊和萨福克与小尾寒羊的杂种羔羊分别高 9.5%～19.92%、18.25%～24.89%。德国美利奴羊与小尾寒羊的杂交一代经产母羊的产羔率高达 201%。成年公羊剪毛量 7～10 千克，成年母羊剪毛量 4～5 千克，羊毛细度 24～30 微米。繁殖没有季节性，常年发情，可两年三产，产羔率 150%～250%。

图2-3 德国肉用美利奴公羊

6. 南非肉用美利奴羊

【原产地】南非从引进的德国肉用美利奴羊选育成的新品种，耐粗饲，耐干旱和炎热环境。我国从澳大利亚等国引入该品种，杂交改良效果明显。

【外貌特征】该羊属于肉毛兼用型品种，公、母羊均无角，体大而宽深，胸部开阔，臀部宽广，腿部粗壮而坚实（图2-4）。

【生产性能】成年公羊体重100~110千克，成年母羊70~80千克。在放牧条件下，100日龄羔羊活重平均35千克。在舍饲或营养充足条件下，100日龄公羔羊活重可达56千克。在羔羊舍饲育肥阶段，饲料转化率可达3.91∶1。母羊性情温驯，母性好，泌乳量高，最高日泌乳量达到4.8升，正常情况下可哺乳2~3只羔羊。南非肉用美利奴羊与小尾寒羊杂交，100日龄断奶重可达36.00千克，平均日增重达335克。羊毛平均细度21~23微米（64支），成年公羊剪毛量为4.5~6千克，成年母羊4~4.5千克。产羔率可达150%~250%。四季发情，可常年繁殖。

图2-4 南非肉用美利奴母羔羊

7. 特克赛尔羊

【原产地】源于荷兰的特克赛尔岛，已引入到我国北京、黑龙江、新疆、宁夏、陕西和山东等地。

【外貌特征】体格大，肉用体型好，头短宽，白脸黑鼻，耳短平，头部和四肢无毛，背腰宽平，肌肉丰满，四肢坚实，蹄呈黑色（图2-5）。

【生产性能】成年公羊体重90～140千克，成年母羊体重65～90千克。肌肉发育良好，瘦肉率高，胴体品质好，屠宰率54%～60%。此外，还有母性好、饲料转化率高、耐粗饲、适应各种气候条件等优点，现已成为欧洲各国主要的终端父本之一。在英国，几乎已与萨福克羊平分天下。特克赛尔羊初生羔羊重可达5.10千克，70日龄内日增重300克，4月龄断奶重40千克，6～7月龄50～60千克。成年羊剪毛量为4.5～5.0千克，羊毛细度23.0～27.0微米（48～50支），无杂色毛。可常年发情，两年三产，产羔率150%～190%。

图2-5　特克赛尔后备母羊

8. 杜泊羊

【原产地】原产于南非，分黑头杜泊羊和白头杜泊羊两型，但遗传背景和生产性能均相似。杜泊羊生长速度快，适应性好，耐粗饲，容易管理，羊肉品质佳。板皮畅销国际市场，肉被誉为"钻石级"绵羊肉。杜泊羊适应性强，抗寒耐热，抗病力强，容易饲养管理，对炎热、干燥的气候条件能很好适应。我国2002年由南非和澳大利亚引入，是生产肥羔肉的理想终端父本。

【外貌特征】体形呈圆桶状，公、母羊无角，头呈三角形，眼距较宽，口鼻紧凑，下颌强健有力，耳长略垂。颈部中等长，肌肉丰满。肩胛宽平，胸骨中度前突。体躯长、深、宽，肩胛后略凹，其后背腰平直。臀部长宽，肌肉发达。四肢粗壮，蹄质坚实。体躯被毛均为白色（图2-6）。

【生产性能】成年公羊体重93～118千克，成年母羊体重70～95千克。羔羊初生重不大，但生长快，3.5～4月龄可达36千克。3月龄前增重和特克赛尔羔羊持平，但3～6月龄增重高于特克赛尔羊。杜泊羊杂交后代表现出明显的杂种优势，断奶前平均日增重达318克，超过萨福克羊杂种。剪毛量1.5～2.1千克，被毛较短（4～7厘米），羊毛细度为33.0～34.1微米（60～64支）。在集约养殖条件下，产羔率为100%。在良好饲养管理条件下，可两年三产，产羔率150%。

图2-6　杜泊羊

9. 东佛里生羊

【原产地】源产于荷兰和德国，是目前世界最著名的乳肉兼用型绵羊品种。该品种对炎热环境适应性较差，但对温带气候条件适应性良好，适宜在我国中原农区推广应用。我国北京等地已引入。

【外貌特征】体格大，肉用体型良好，公、母羊都无角，鼻部粉红色，蹄部灰色，全身被毛白色，头、四肢下部及尾部均无毛。

【生产性能】成年公羊体重100~125千克，成年母羊85~95千克。泌乳量高，在210~230天的泌乳期内，总泌乳量为500~600升，乳脂率为5.5%~9%，乳蛋白率5%~7.5%。羔羊生长速度快，瘦肉率高。母羊同时哺乳2~3羔的情况下，羔羊哺乳期日增重可达250克以上，最高可达330克。国外研究表明，在相同的饲养管理条件下，东佛里生羊杂种后代的初生重、60日龄及140日龄重都显著高于道赛特羊的后代。所产羊毛为优质地毯毛，剪毛量为4~5千克，毛长12~14厘米，羊毛细度35~37微米。繁殖力强，母羊常年发情，产羔率高，平均产羔率280%。该品种已被广泛应用于低繁殖力品种的改良、经济杂交以及乳用绵羊育种。

10. 芬兰兰德瑞斯羊

【原产地】原产芬兰，属于芬兰北方短脂尾羊，是肉、毛、皮兼用型绵羊，以多胎多产、性成熟早、羔羊生长快、产毛量高、毛品质优良著称，对炎热和寒冷气候条件适应性较好。

【外貌特征】体格较大，体长中等，胸深但不宽，背腰平直，毛色多为白色，也有黑色、黑白斑等其他杂色。

【生产性能】公羊体重68~90千克，母羊55~86千克。羔羊生长快，在正常饲养管理条件下，5月龄羔羊体重32~35千克。瘦肉率高，肉质鲜嫩多汁，风味好。羊毛光亮柔软，成年母羊剪毛量1.8~3.6千克，羊毛细度23.5~31.0微米（50~60支），毛长7.5~15厘米。性成熟早，公羊在4~8月龄性成熟，母羊12月龄就可配种。可常年繁殖，多生3羔或4羔，最高记录是8羔。母羊母性好，泌乳量高。

11. 罗曼诺夫羊

【原产地】产于俄罗斯莫斯科西北部的伏尔加河流域，属于多胎裘皮羊。

【外貌特征】公、母羊多无角，出生时被毛全黑，但逐渐变成银灰色。成年羊体躯被毛多为银灰色，头部、四肢及尾部被毛黑色，头顶和嘴鼻部有白斑。

【生产性能】体格中等，公羊体重 55~80 千克，母羊 40~50 千克。被毛异质，由下层无髓毛和外层粗毛组成，平均直径分别为 20.9 微米、71.9 微米。有髓毛和无髓毛比例为 1∶（4~7），裘皮轻暖美观。成年羊平均污毛产量为 4.5 千克。性成熟早，3~4 月龄性成熟，常年发情配种，两年三产，一般产羔 3~5 只，最多可达 9 只，羔羊成活率也很高。

12. 阿尔科特羊

【原产地】加拿大育成的三品系配套肉羊品种。三品系分别叫做"加拿大阿尔科特""渥太华河阿尔科特"以及"本土阿尔科特"羊。

【外貌特征与生产性能】本土阿尔科特羊是一个多胎多产品系。全身白色，但腿部有杂色，脸部有时可见色斑，颈部无皱褶。

公、母羊无角，公羊体重 80~100 千克，母羊体重 70~90 千克。母羊 7 月龄时开始配种，初产产羔率 170%，经产 250%，两年三产。渥太华河阿尔科特羊是另一个具有高繁殖力的品系。加拿大阿尔科特羊是产肉力强的品系。体格中等，短而宽。羔羊生长很快，生产的肥羔可同时满足市场对不同体重羔羊的需求，胴体品质优良，肉骨比率高。此外，母羊难产率低，适合放牧或舍饲。公羊是优秀的终端父本，可用于提高低产品种的产肉性状。公羊体重为 80~100 千克，母羊 75~95 千克，产毛 3~3.5 千克，毛长 8~10 厘米，产羔率 180%。

13. 法国岛羊

【原产地】原产于法国，由边区莱斯特羊和兰布列羊杂交育成，后引入了莫尚美利奴羊血统。

【外貌特征】体格较大，体躯呈方形，头粗短，面白，口鼻部粉红色，公、母羊均无角，颈部也较短，低广深躯，背腰平直，腿短无毛。

【生产性能】产毛量 4~6 千克，毛长 7~8 厘米。耐粗饲，可常年繁殖。母羊泌乳力强，难产率低，母性好，产羔率平均175%。尽管羔羊初生重较低，但成活率高，生长速度快，饲料转化率高。现已遍布世界各地，主要用作终端父本。

14. 塔马拉克羊

【原产地】塔马拉克羊是美国近年培育的肉用绵羊新品种，具有多胎多产、肉用性能好、羔羊成活率、易于饲养管理等特点。

【外貌特征】体格大，体躯呈方形，公、母羊均无角，头粗短，脸部少毛，鼻梁平直，眼大有神，耳平伸，背腰平直，腿短无毛。羔羊初生窝重大，增重快。

【生产性能】在放牧条件下，100 日龄内日增重可达 450 克以上。成年母羊体重 74.9 千克（63.5~102.1 千克），子宫容量大，泌乳量大，母性好，断奶羔羊成活数可达 2.4~3.2 个，可常年配种繁殖。成年公羊体重 102.1 千克（81.7~127.0 千克），性欲好，配种能力强。

（二）地方绵羊品种

1. 小尾寒羊

【产地与分布】分布于山东西南部，河南新乡、濮阳和开封地区，河北南部和东部等地，属肉裘兼用品种，以四季发情、繁殖力高、产肉性能较好著称，是我国经济杂交生产肥羔的最佳母本。

【外貌特征】小尾寒羊体质结实，身高腿长，鼻梁隆起，耳大下垂，公羊有螺旋形大角，母羊有小角。公羊前胸较深，背腰平直，短脂尾，尾长在飞节以上。毛色多为白色，少数在头、四肢部有黑褐斑。

【生产性能】生长发育较快，3月龄断奶公、母羊平均体重可达20.45千克、18.99千克，6月龄公、母羊体重分别为34～44千克、32.32千克，成年公、母羊分别为94千克、48.7千克。每年剪毛2次，公、母羊年均剪毛量分别为3.5千克和2.1千克。性成熟早，母羊5～6月龄即可发情，公羊7～8月龄可配种。母羊四季发情，可一年两产或两年三产，每胎产2羔以上，最多可产7羔，产羔率平均为270%。

2. 大尾寒羊

【产地与分布】分布于河北南部、山东西南以及河南郏县等地，属肉、脂兼用品种，具有常年发情、多胎多产、产肉性能和羊毛品质较好等特点。

【外貌特征】体质结实，头中等大，两耳较大且略垂，鼻梁隆起，公羊有螺旋形大角，母羊大多有角，颈中等长，颈肩结合良好，胸骨前突，肋骨较开张，背腰平直，尻部宽而倾斜，四肢较高，肢势端正，脂尾硕大、长垂及地。

【生产性能】成年公羊脂尾重15～20千克，母羊脂尾重4～6千克。成年公羊、母羊体重分别为74.43千克、51.84千克，周岁公、母羊为53.95千克、44.70千克。多数羊全身皆白，生产优质的"寒羊毛"。被毛异质，但无髓毛和两型毛占98%左右。成年公、母羊年污毛产量分别为4.28千克、2.26千克。大尾寒羊性成熟早，母羊在5～6月龄初情，6～7月龄初配，可四季发情，一般三年五产，每胎产1～3羔，平均产羔率205%。

3. 湖羊

【产地与分布】产于太湖流域，分布在浙江省和江苏省的部分县及上海市郊。该品种以生产优质羔皮驰名中外，具有性成熟早、全年发情、多胎多产、生长发育较快的特点，可作为经济杂交母本。

【外貌特征】头形狭长，鼻梁隆起，眼大突出，耳大下垂，公、母羊均无角，颈细长，胸部狭窄，背平直，躯干和四肢细长，体质纤细。

【生产性能】羔羊平均体重3.3千克，3月龄、6月龄羔羊平均体重为21.99千克、33.76千克。成年公、母羊平均体重分别为52.0千克、39.0千克。公、母羊剪毛量分别为2.0千克、1.2千克。羔羊生后1~2天内屠宰取羔皮称为"小湖羊皮"，皮板轻薄，毛色洁白光亮如丝，有波浪形美丽图案，在国际市场上享有盛誉，为传统出口商品。湖羊繁殖力强，母性好。母羊4~5月龄初情，6月龄初配，公羊在8月龄性成熟。四季发情，可一年两产或两年三产，平均产羔率229%，经产母羊日产奶量2.0千克左右。

4. 洼地绵羊

【产地与分布】主产于鲁北平原黄河三角洲地域的滨州、惠民、沾化、阳信等地，是近年开发出来的优良品种，具有繁殖力高、耐粗饲、耐潮湿、肉皮兼用等特点。

【外貌特征】体质结实，头长宽，公、母羊均无角，鼻梁微隆，耳稍下垂，胸部宽深，肋骨开张良好，背腰平直，四肢较矮，后躯发达，全身被毛白色，属异质毛。

【生产性能】公、母羊初生重分别为3.2千克、2.8千克，周岁体重分别为43.65千克、33.96千克，成年公、母羊体重分别为60.40千克、40.08千克。性成熟早，公羊一般在5~6月龄，母羊在7~8月龄即可初配。四季发情，平均产羔率280.0%。羔羊屠宰率高，肉质鲜美。

5. 乌珠穆沁羊

【产地与分布】分布于东乌珠穆沁旗和西乌珠穆沁旗以及毗邻的锡林浩特市、阿巴嘎旗部分地区，属肉、脂兼用型粗毛羊，以体大、早熟、生长发育较快、肉用性能好著称。

【外貌特征】体格大，体质结实，体躯深长，肌肉丰满。体躯被毛为纯白色，头部呈"三点黑"特征，即两眼圈、口鼻部黑色，30%的羊有14对肋骨（一般羊肋骨数为13对）。

【生产性能】生长发育较快，公、母羔羊初生重分别为4.34千克、3.8千克，2.5~3月龄公、母羔羊平均重分别为29.5千克、24.9千克，成年公、母羊体重分别为74.43千克、58.40千克。在完全放牧不补饲的条件下，2月龄日增重可达300克以上，6月龄内平均日增重200~300克，屠宰率可达50%以上。母羊泌乳性能较强，但产羔率低，仅100.35%。5月龄多肋骨公、母羔羊平均日增重比相应的13对肋骨羔羊分别高11.64%和16.22%。

6. 苏尼特羊

【产地与分布】产于内蒙古自治区苏尼特左旗、苏尼特右旗、四子王旗、达茂旗及乌拉特中旗等地，1997年被内蒙古正式确定为新品种。

【外貌特征】体格高大，体质坚实，被毛多为白色，公、母羊均无角，鼻梁隆起，耳朵下垂，颈粗短，背腰平直，后躯肌肉丰满。

【生产性能】公羊平均体重78.83千克，母羊58.92千克。出生至6月龄羔羊平均日增重，公羔172.2克，母羔180.5克；平均屠宰率、净肉率分别为50.09%、45.25%，产羔率113%。苏尼特羊不仅产肉多，且肉质鲜嫩多汁、无膻味，是制作涮羊肉的上乘原料。

7. 阿勒泰羊

【产地与分布】原产于新疆阿勒泰地区的福海、富蕴、青河、阿勒泰等地。

【外貌特征】体格大，体质结实。公羊鼻梁隆起，有螺旋形角，母羊2/3有角。耳大下垂，背腰平直，肌肉发育良好。四肢粗壮，臀部肌肉丰满，有方圆形大脂尾。体躯部毛多为棕褐色，头部多为黄色或黑色。

【生产性能】羔羊初生重可达 4.77 千克，4 月龄断奶公、母羔体重分别为 38.93 千克和 36.6 千克，成年公、母羊体重分别为 85.6 千克和 67.4 千克，屠宰率 50%～53.0%。阿勒泰羔羊生长发育快，适于肥羔生产。

8. 多浪羊

【产地与分布】主产于新疆塔克拉玛干沙漠西南边缘及叶尔羌河流域，具有性成熟早、繁殖率高、早期生长发育快、肉质细嫩等特征。近年来，已选育出体大型、小尾型和多胎型。多浪羊终年放牧，遗传性稳定，耐粗饲，肉质鲜美，无膻味。

【外貌特征】属肥臀羊，公、母羊多数无角，少数有小角。体格大，肉脂兼用型特征明显，体质结实，头大面长，鼻梁隆起，耳大下垂，颈长，胸宽而深。鬐甲宽而紧凑，肩躯结合良好，肋骨拱圆，背腰长平，后躯丰满，脂臀较大，平直呈方圆形。母羊乳房发育匀称，四肢结实而端正，蹄质坚实。初生羔羊多为棕褐色，断奶后毛色始变，躯体部毛色呈灰白色，而头、耳与四肢的颜色仍为褐色或黑色。

【生产性能】公、母羊初生重分别为 6.8 千克、7.1 千克，断奶体重分别为 15.2 千克、15.4 千克，周岁体重分别为 59.2 千克、43.6 千克，成年公、母羊体重分别为 98.4 千克、43.6 千克，屠宰率可达 59.8%。被毛异质，以灰白色为主，公、母羊产毛量分别为 2.6 千克、1.6 千克。性成熟早，公羊性成熟期在 6～7 月龄，适配期 1～1.5 周岁；母羊 4～5 月龄初情，1～1.5 岁初配。性成熟早，四季发情，以 4—5 月和 9—11 月为发情旺季，产羔率为 118%～130%，在良好饲养条件下，产羔率可达 250%。

9. 乌骨绵羊

【产地与分布】原产于云南省兰坪县，是由腾冲型藏系绵羊部分个体基因突变而形成的新群体，是近年发现的一种具有乌骨、乌肉特点，集食用、药用、保健功效于一体的特殊肉用绵羊类群。

【外貌特征】外貌特征与藏系羊相似，体格较大，体质结实。公、母羊大多无角，占90%。被毛全白、全黑、黑白花几乎各占1/3。

【生产性能】成年公羊体重平均42千克，母羊34.36千克，屠宰率分别为37.7%、40.5%。肤色呈淡紫色或淡黑色，眼结膜褐色，舌亮黑色，犬齿乌黑，齿龈乌黑，蹄质有白色、黑色、黄色。解剖后羊血呈酱紫色，器官组织多为浅黑色或暗红色。肉质鲜嫩可口，无腥膻味。血液酪氨酸酶、总胆红素、直接胆红素和血浆颜色都比非乌骨绵羊显著高，总抗氧化能力几乎是非乌骨羊的2倍。乌骨羊适应性广，耐粗饲，引入到山东等地后，均能正常生长繁育。

二、肉用山羊品种

(一) 引进肉用山羊

1. 波尔山羊

【原产地】名称源于荷兰语，意为"农夫"。波尔山羊具有生长快、抗病力强、繁殖率高、屠宰率和饲料报酬高的特点，是世界上唯一经多年生产性能测验、目前最受欢迎的肉用山羊品种。

【外貌特征】体格大，公、母羊均有角，耳大下垂，头颈强健，体躯长、宽、深，前胸及前肢肌肉比较发达，胁部发育良好且完全张开，背部厚实，后臀腿部肌肉丰满，四肢结实有力。体躯被毛为白色，头、耳、颈部毛色为深红至褐红色（图2-7）。

【产肉性能】羔羊初生重为3~4千克。在集约饲养条件下，公羊3月龄、12月龄、18月龄、25月龄重分别可达36.0千克、100千克、116千克、140千克，母羊3月龄、12月龄、18月龄、24月龄重分别可达28千克、63千克、74千克、99千克。

舍饲羊日增重在 140~170 克，可超过 200 克，最高达 400 克。

图 2-7　放牧中的波尔山羊

【繁殖性能】公、母羊性成熟时间分别为 6 月龄、10~12 月龄。四季发情，多胎多产。母羊排卵数为 1~4 个，平均 1.7 个，产羔率可达 200% 以上，可两年三产。母羊母性好，泌乳量高。在 120~140 天的泌乳期，羊奶中乳脂率达 5.6%，固形物含量 15.7%，乳糖含量也高于其他山羊品种，每天实际泌乳量在 1.5~2.5 千克。肉质好，胴体瘦肉率高，膻味小，多汁鲜嫩。另外，性情温驯，易于饲养管理，对各种环境条件都具有较强的适应性。

2. 努比亚山羊

【原产地】原产于埃及、苏丹及邻近国家，属肉、乳、皮兼用型山羊。欧美各国的努比亚山羊是英国引入非洲努比亚公山羊与本地母山羊杂交培育而成。我国引入的努比亚山羊多来源于美国、英国和澳大利亚等国。努比亚山羊耐热性好，但对寒冷潮湿气候适应性较差。

【外貌特征】外表清秀，具有"贵族"气质。体格较大，公、母羊无须无角，面部轮廓清晰，鼻骨隆起，为典型的"罗马鼻"。耳长宽，紧贴头部下垂。颈部较长，前胸肌肉较丰满。体躯较短，呈圆筒状，尻部较短，四肢较长。毛短细，色较杂，以带白斑的黑色、红色和暗红居多，也有纯白者。在公羊背部和股部常见短粗毛。

【生产性能】羔羊生长快，产肉多。成年公羊平均体重79.38千克，成年母羊61.23千克。性情温驯，泌乳性能好，母羊乳房较大，发育良好，但比瑞士奶山羊的乳房下垂严重。泌乳期一般5~6个月，年产奶量一般较瑞士奶山羊低（300~800千克），盛产期日产奶2~3千克，但乳脂率高（4%~7%）。可一年两产，每产2~3羔。四川省简阳市饲养的努比亚山羊，平均产羔率190%。

3. 卡考山羊

【原产地】是新西兰用野化母山羊与努比亚公山羊、土根堡公山羊、莎能公山羊，经过四代的杂交选育形成的新型肉山羊品种。卡考山羊具有放牧性能好、采食能力强、增重快、繁殖力高、适应性好的特点，现已成美国杂交肉山羊生产的最重要亲本。有报道卡考山羊的窝产仔数、断奶窝重、羔羊初生重、羔羊存活率等指标均高于波尔山羊。

【外貌特征】体格中等，公羊体质粗壮，有螺旋形大角，耳大平伸，头粗短，有长须，头顶、背部等处有长粗毛，肋骨开张，四肢坚实，雄性十足。母羊体质丰满，体形呈矩形，有小角，头短小，胸中等宽，背腰平直，母性好，乳房呈圆形，发育良好，可哺育2~3羔。毛色多为白色或乳白色。

【生产性能】产羔数接近波尔山羊，平均1.82只；羔羊初生重较大（平均5.90千克），生命力强。在放牧条件下，可达到其他任何需要补饲精料的肉用山羊能达到的增重速度，6月龄体重可达45千克，成年公羊体重45~68千克。

（二）地方山羊品种

1. 南江黄羊

【产地与分布】主要分布于四川南江县、武宁县等地，具有肉乳生产性能好、繁殖力高、板皮品质佳等特性，是农业部重点推广的肉用山羊品种之一。

【外貌特征】被毛黄色，公、母羊均有角，耳半垂，鼻梁两侧有对称性黄白色条纹，从头顶至尾根有黑色毛带，体质结实，胸部宽深，肋骨开张，背腰平直，四肢粗壮，蹄质坚实。

【生产性能】公、母羔羊初生重均为 2.28 千克，2 月龄断奶重分别为 11.5 千克、10.7 千克。公羔初生至 6 月龄日增重为 85～150 克，母羔为 60～110 克。成年公羊体重为 60.56 千克，成年母羊 41.2 千克，屠宰率为 47.67%。母羊性成熟早，3 月龄初情，四季发情，产羔率 200% 左右。

2. 马头山羊

【产地与分布】产于湖北省的郧阳、恩施以及湖南省常德市，是生长速度较快、体型较大、肉用性能最好的地方山羊品种之一。1992 年被国际小母牛基金会推荐为亚洲首选肉用山羊，也是农业部重点推广的肉用山羊品种。

【外貌特征】体格较大，体质结实，结构匀称，体躯呈长方形。公、母羊均无角，颌下有髯。被毛白色，短而粗。

【生产性能】公、母羔羊初生重分别为 2.14 千克、2.04 千克，断奶体重分别为 12.49 千克、12.8 千克；成年公羊体重为 43.81 千克，成年母羊 33.7 千克。羔羊生长发育快，肥育性能好。在放牧和补饲条件下，7 月龄羯羔体重可达 23 千克，胴体重 10.5 千克，屠宰率 52.34%。母羊性成熟早，3～4 月龄初情，四季发情，产羔率 191.94%～200.33%；母性好，日产奶 1～1.5千克。马头山羊中间性羊较多。

3. 成都麻羊

【产地与分布】原产于四川成都平原及其邻近的丘陵和低山地区，具有产肉力强、繁殖率高、板皮优质等特性，是农业部重点推广的肉用山羊品种之一。

【外貌特征】公羊有较大的倒八字形角，母羊有直形小角。体格中等，结构匀称，体形呈长方形，前、后躯肌肉丰满，背腰平直。被毛短，呈棕黄色。

【生产性能】公、母羔羊初生重分别为 1.78 千克、1.83 千克，断奶体重分别为 9.96 千克、10.07 千克；成年公羊体重为 43.02 千克，母羊 32.6 千克，屠宰率为 52.3%。性成熟较早，母羊初情期为 4~5 月龄，可全年发情，一年两产，平均产羔率 210%，母羊日产奶 1~1.2 千克。板皮为优质皮革原料，以质地致密、强度大、弹性好闻名。

4. 黄淮山羊

【产地与分布】分布于河南省周口、商丘地区以及毗邻的安徽和江苏部分地区，包括河南槐山羊、安徽白山羊及徐淮白山羊三大类群，具有性成熟早、板皮品质优良、四季发情、多胎多产等特性。

【外貌特征】结构匀称，部分羊有角，头形短窄，面部微凹，下颌有髯，肋骨开张，背腰平直，身体呈圆筒形，前躯较宽，后躯发达，四肢较长。白毛全白者占 91.78% 左右，其他的为杂色（图 2-8）。

【生产性能】公、母羔羊初生重分别为 2.6 千克、2.5 千克，断奶体重分别为 7.6 千克、6.7 千克；成年公羊体重为 33.9 千克，母羊 25.7 千克，屠宰率为 49.29%。母羊 3 月龄性成熟，可全年发情，每年两产，平均产羔率为 236%。板皮具有致密、韧性大、弹力高、强度大的特点，在国际市场上久负盛名。

5. 贵州白山羊

【产地与分布】产于贵州省，具有产肉性能好、繁殖力强、板皮质量好等特性。

【外貌特征】公、母羊有角，胸深，背宽平，体躯呈圆筒形，体长，四肢短小。被毛白色为主，粗而短。

【生产性能】公、母羔羊初生重分别为 1.7 千克、1.6 千克，断奶体重 8.1 千克、7.5 千克；成年公羊体重为 32.8 千克，母羊 30.8 千克。成年羯羊屠宰率为 58%，1 岁羯羊 53.3%。肉质细嫩，肌间脂肪较为丰富，膻味小。板皮拉力强而柔，纤维致

图 2-8 黄淮山羊无角母羊群

密，幅面大。繁殖力强，产羔率达 274%。

6. 陕南白山羊

【产地与分布】产于陕西省南部汉江两岸的安康、商洛、汉中等地，具有产肉性能良、繁殖力高、耐高温和耐高湿的特点。

【外貌特征】头短窄，鼻梁平直，竖耳，公、母羊具有倒"八"字形角，胸部发育良好，背腰长而平直，腹围大而紧凑，四肢粗壮。被毛全白，分短毛型和长毛型两类。

【生产性能】公、母羔羊初生重分别为 1.66 千克、1.54 千克，断奶体重分别为 6.8 千克、6.12 千克；成年公羊体重为 32.97 千克，母羊 27.27 千克，屠宰率 50.38%。母羊 3~4 月龄性成熟，全年发情，产羔率为 259%。

7. 长江三角洲白山羊

【产地】产于东海之滨的长江三角洲，主要分布在江苏省的南通、苏州、扬州、镇江以及浙江省的嘉兴、杭州、宁波、绍兴和上海市郊县。产肉性能好，繁殖率高，板皮质优，也以生产优质笔料毛著称。

【外貌特征】体格中等偏小，全身被毛白色，鼻梁平直，半垂耳，公、母羊均有角，背腰平直，肌肉丰满。

【生产性能】公、母羔羊初生重分别为 1.16 千克、1.09 千克，断奶体重分别为 5.71 千克、5.6 千克，成年公羊体重为 28.58 千克，母羊为 18.43 千克，1 岁和 2.5 岁山羊连皮屠宰率分别为 48.7%、51.7%。母羊初情期在 4~5 月龄，一般两年三产，产羔率为 228.5%。

8. 鲁北白山羊

【产地与分布】产于山东北部滨州、德州、聊城、东营等平原地区，属于羔皮、肉兼用型山羊，产肉性能好，板皮优质。

【外貌特征】全身被毛白色，鼻梁平直，耳竖立，颌下有须。有角羊占 59%，无角羊占 41%。约 80% 羊颈部有肉垂，体格大，胸部宽深，背腰平直，蹄质结实。

【生产性能】公、母羊初生重分别为 1.93 千克、1.73 千克，断奶重分别为 10.15 千克、9.97 千克，成年公羊体重为 41.07 千克，母羊为 31.68 千克。母羊 3~4 月龄初情，4~5 月龄为初配期。母羊一年四季均可发情，经产母羊产羔率为 232%。

9. 古蔺马羊

【产地与分布】产于四川西南部的古蔺县，具有性成熟早、繁殖力高、板皮面积大、品质好的特点。

【外貌特征】被毛呈灰麻、褐色两种。公、母羊多数无角，形似马头，面部两侧各有一条白色毛带，俗称狸面。结构匀称，胸部宽深，背腰平直，四肢较高，骨骼粗壮。

【生产性能】公羊体重为 39.8 千克，母羊 36.52 千克。成年羯羊屠宰率为 57%，母羊 43%。母羊 3~4 月龄初情，四季发情，平均产羔率 214%。

10. 板角山羊

【产地与分布】产于四川省万源市和重庆市的城口县、巫溪县、武隆区及陕西、湖北、贵州接壤地区，具有产肉率高、板皮好等特点。

【外貌特征】公、母羊均有角，公羊角粗大呈倒钩形，母羊角呈上旋形，骨骼粗壮结实，肋骨开张，背腰平直，尻部斜，四肢粗壮，被毛为白色。

【生产性能】公、母羔羊初生重分别为1.7千克、1.6千克，断奶体重分别为9.7千克、8千克，成年公羊体重为40.5千克，母羊30.3千克，屠宰率55.68%。母羊4~5月龄性成熟，一般两年三产，产羔率184%。

11. 川东白山羊

【产地与分布】主要分布于重庆市的万州、涪陵和永川地区，繁殖力强，板皮优质，耐粗饲，适应性强。按体格大小分为两型，即合川地区山羊为大型，产于奉节、巫山及云阳等地的为小型。

【外貌特征】大、小型均以白色为主。体形近似圆筒状，胸部宽深，背腰平直。

【生产性能】大型成年公羊体重为33.41千克，母羊为30.8千克；小型成年公羊19.2千克，母羊20.9千克。大型羊的屠宰率为48%~50%，小型羊为44.91%~46.22%。小型羊早熟，常年发情，平均产羔率166%，大型羊平均产羔率202%。

12. 雷州山羊

【产地与分布】产于雷州半岛一带，具有生长发育快、板皮优质等特性。

【外貌特征】被毛多为全黑色，部分羊面部、腹部及四肢后部有白色条纹或斑点，鼻型平直，竖耳，公、母羊角形均为倒"八"字形，体质结实，背腰平直，乳房发育良好。

【生产性能】公、母羊初生重分别为2.3千克、2.1千克，断奶重分别是12.5千克、11.6千克，公羊成年体重50.8千克，母羊47.7千克。母羊3~4月龄性成熟，一年两产或两年三产，产羔率150%~200%。

13. 福清山羊

【产地与分布】产于福建省东南沿海各县，中心产区为福清、平潭县，产肉性能较好，适宜亚热带沿海地区特定生态条件。

【外貌特征】体型中等偏小，公、母羊均有倒"八"字形角，胸部宽深，背腰平直，尻斜，四肢粗壮，蹄黑。背部有一带状黑色毛区，称为乌龙；四肢、腹部和尻部毛呈黑色，称为乌肚；其他部位毛色较浅，呈褐色。

【生产性能】公、母羔羊初生重分别为1.7千克、1.6千克，1岁公、母羊分别为24千克、22.2千克，成年公羊体重为27.9千克，母羊为26千克，羯羊1.5岁可达40.5千克，公、母羊屠宰率（包括皮）分别为56%、47.6%。母羊初情期在3月龄，一年两产，产羔率179.6%。

14. 宜昌白山羊

【产地与分布】主产于湖北省西部地区宜昌市和恩施，具有板皮品质好、肉质细嫩的优良特性。

【外貌特征】公、母羊均有角，下颌有髯，颈部细长，背腰平直，后躯丰满，被毛为白色。

【生产性能】公、母羔羊初生重分别为2.0千克、1.7千克，断奶体重分别为12.7千克、10.6千克，成年公羊体重为35.7千克，母羊为27.0千克，屠宰率47.41%。母羊3~4月龄性成熟，可两年三产或一年两产，产羔率172.7%。

15. 隆林山羊

【产地与分布】产于广西壮族自治区隆林、田林和西林县等地，具有产肉率高、繁殖力强、泌乳性能好等特点。

【外貌特征】体质结实，结构匀称，体躯近似长方形，公、母羊均有角，公羊角呈倒"八"字形，母羊角呈倒钩形，肋骨开张，四肢短粗。被毛有白、黑、花色等多种。

【生产性能】公、母羔羊1岁体重分别为31.67千克、24千克，成年公羊体重为57千克，母羊为44.7千克，屠宰率41.5%。母羊3月龄性成熟，可两年三产，产羔率195.18%。

16. 戴云山羊

【产地与分布】产于福建惠安县等地，繁殖力强，产肉性能较好，适应性强，耐高温、高湿。

【外貌特征】体格中等偏小，体躯结实，沿海地区羊比山区羊个体大。鼻梁平直，耳竖，公、母羊均有中等大小角。被毛以黑色为主，少数为褐色。

【生产性能】成年公羊体重为 28.63 千克，成年母羊 24.3 千克，带皮屠宰率为 50.6%。母羊 5~6 月龄初情，两年三产，产羔率 186.5%。

17. 赣西山羊

【产地与分布】产于江西省萍乡市万载县，湖南省浏阳、醴陵等地。繁殖力强，产肉率高，板皮优质，耐粗饲。

【外貌特征】体型偏小，鼻直耳竖，公、母羊均有角，背腰平直，乳房发育良好，四肢粗壮，前肢较直，后肢稍弯，蹄质结实。毛色多为白色，少数为麻色。

【生产性能】成年公羊体重为 33 千克，母羊为 29 千克。在放牧为主、不补充或少量补饲的条件下，10 月龄至 1 岁屠宰率为 45%~49%。公羊 4 月龄性成熟，6 月龄开始初配。多数母羊一年两产，每胎多产两羔，产羔率为 164%。

18. 湘东黑山羊

【产地与分布】产于湖南省浏阳等地，属早熟小型肉皮兼用品种，具有肉质好、板皮品质优良、繁殖力较强等特性。

【外貌特征及生产性能】全身被毛黑色。1 岁公羊体重为 17 千克，母羊 16 千克。成年公羊为 24 千克，母羊为 25 千克。羯羊屠宰率为 44%，母羊 41%。大多数母羊一年两产，产羔率为 171%~199%。

19. 马关无角山羊

【产地与分布】产于云南省马关县，具有繁殖力强的特点。

【外貌特征】被毛较杂，有全黑者，也有头、颈、四肢黑色而体躯白色者。鼻隆起，公、母羊均无角，体格大，体质结实，四肢粗壮，背腰平直，尾短上翘。

【生产性能】成年公羊体重为 24.5～54.6 千克，母羊为 18.7～57 千克，屠宰率为 42.08%。繁殖率高，一年两产，产羔率 184%。

20. 简阳大耳羊

【产地与分布】由四川简阳本地山羊与努比亚山羊杂交形成的优良地方品种，2004 年通过四川省畜禽品种资源委员会审定，具有产羔率高、适应性强、肉质好、板皮质量优良等特点。

【外貌特征】被毛以黄褐色为主，少数黑色和深褐色，耳大下垂，体格高大。

【生产性能】成年公羊体重 72.63 千克，成年母羊 48.73 千克。生长速度快，6 月龄公、母羊体重分别为 29.46 千克、23.20 千克。成年公、母羊屠宰率分别是 51.98%、49.20%，净肉率分别为 40.14%和 37.93%。肉质细嫩，膻味轻。繁殖力强，可四年七产，平均产羔率 222.74%。

21. 金堂黑山羊

【产地与分布】主要分布于四川省金堂县及邻近区域，2001 年 11 月被命名为四川省地方优良品种，因产肉性能好、繁殖率高、适应性好而享誉全国。

【外貌特征】全身黑色，被毛短而富有光泽，体形较大，体质结实，体躯各部发育良好。

【生产性能】公、母羔羊初生重分别为 2.37 千克、2.28 千克，初生至 2 月龄断奶日增重为 167.75 克，6 月龄公、母羊体重分别为 26.84 千克、22.22 千克，成年公羊体重为 70.64 千克，母羊为 49.62 千克。成年公、母羊的屠宰率分别为 52.50%、49.37%。母羊初配年龄为 5～6 月龄，年均 1.7 产，平均产羔率 225.71%。在 2 个月的哺乳期中，母羊日均泌乳量可达 1.7 千克，为四川各黑山羊品种之冠。

22. 乐至黑山羊

【产地与分布】主要分布于四川省乐至县及邻近区域，2003年5月被四川省审定为地方优良肉用山羊品种。

【外貌特征】全身被毛黑色，体型较大，体质结实。头中等大小，有角者占33%，无角者占67%，耳较大、下垂或半下垂，鼻梁拱，成年公羊下颌有毛髯，部分羊颌下有肉髯。

【生产性能】公、母羔羊初生重分别为2.73千克、2.41千克，2月龄断奶公、母羊分别为13.44千克、12.11千克。成年公、母羊体重分别为73.24千克、56.41千克。成年公、母羊屠宰率分别为48.28%、45.95%。羔羊生长发育快，1~6月龄平均日增重公羔羊为138克，母羔羊114克。母羊初配年龄为5~6月龄，平均三年五产，初产母羊产羔率为231.18%，经产母羊为268.95%。在2个月的哺乳期中，母羊日均泌乳量1.43千克。

23. 自贡黑山羊

【产地与分布】主要分布在四川自贡市的富顺县和荣县，是四川省育种委员会2006年审定的优良地方品种。

【外貌特征】体格中等，体质结实，全身各部结合良好。公羊颈部、前胸长有蓑衣状长毛，背脊有粗黑长毛，母羊毛细密。公、母羊80%有角。成年公羊下颌有髯，母羊部分有髯。

【生产性能】公、母羔羊初生重分别为1.9千克、1.83千克，2月龄断奶公、母羊分别为10.63千克、9.04千克，初生至2月龄日增重分别为144.8克、120克。成年公、母羊体重分别为47千克、39.58千克。自贡黑山羊性成熟早，初情期为3月龄左右，母羊初配年龄为5~6月龄，初产母羊产羔率185%，经产为214%，平均三年五产。在2个月的哺乳期中，母羊日均泌乳量0.91千克。

24. 大足黑山羊

【产地与分布】主产于重庆市大足区、荣昌区及相邻的四川省安岳县等地，2009 年通过国家畜禽遗传资源委员会鉴定。

【外貌特征】体格较大，躯体呈矩形，结构匀称，全身被毛纯黑发亮，毛短紧贴皮肤，头清秀，公、母羊多数有髯有角，角多呈倒"八"字形，鼻梁平直，耳长，颈部细长，部分羊颈部有肉垂，肋骨拱张良好，背腰平直，前胸深广，尻部略斜，蹄质结实，尾短而上翘且呈三角形，乳房发育良好。

【生产性能】公、母羔羊初生重分别为 2.2 千克、2.0 千克，2 月龄断奶重分别为 11.4 千克和 10.10 千克，成年公、母羊体重分别为 59.5 千克、40.2 千克，6 月龄前公、母羊平均日增重分别为 122.94 千克、105.56 克。母羊在 3 月龄出现初情，5~6 月龄达到性成熟，8~10 月龄初配。初产母羊产羔率为 197.31%，经产母羊 272.32%，可两年三产。

25. 榕江小香羊

【产地与分布】中心产区为贵州榕江县塔石瑶族水族乡，是长期闭锁繁育形成的肉、皮兼用型品种。肉质清香无比，"羊瘪"名扬四方，堪称羊肉之精品，故名"小香羊"。1994 年被确认为地方优良品种。

【外貌特征】个体较小，体型紧凑，结构匀称，外貌清秀，公、母羊均有倒"八"字形角。被毛以白色为主，还有麻色、黑色和褐色等。

【生产性能】羔羊初生重为 1.56 千克，公、母羊 1 岁重分别为 15.69 千克、16.48 千克，成年公、母羊体重分别为 28.45 千克、26.6 千克，成年公、母羊屠宰率分别为 48%、46%。性成熟较早，公羊 2 月龄即有爬跨行为，3 月龄达到性成熟，4~5 月龄开始配种。每年两产，初产多为单羔，经产母羊产羔率 170% 以上。

26. 乌骨山羊

【产地与分布】是新近发现的一种特殊的地方肉用山羊品种，主要分布于湖北通山县、重庆市酉阳土家族苗族自治县及云南怒江兰坪县，因皮肤、肉色、骨色为乌色而闻名。

【外貌特征】被毛多为黑色，部分为灰色或白色，皮肤为乌色，嘴唇、舌、鼻、眼圈、耳廓、肛门、阴门等皮肤呈乌色，牙龈、蹄部、骨骼关节、尾尖、公羊阴茎、母羊乳头等都为乌色。体格中等，面部清秀。公、母羊下颌都有须髯，部分有肉垂，部分羊有角，故又称"乌角羊"。

【生产性能】公、母羔羊初生重分别为1.83千克、1.60千克，3月龄断奶体重分别为9.50千克和8.75千克，成年公、母羊体重分别为37.88千克、30.15千克。性成熟早，初情期始于108日龄，4~6月龄性成熟，公羊适配年龄为7月龄，母羊8月龄初配。母羊一年四季都可发情，通常一年两产，初产母羊产羔率131.38%，经产母羊每胎产羔2~4只。

第二节　肉羊养殖的杂交改良技术

杂交可以将不同品种的特性结合在一起，创造出亲代原本不具备的表型特征，并且还能提高后代的生活力。因此杂交在养羊生产上被广泛用来改良低产品种、创造新品种，是最有效地提高羊群整体水平的方法。杂交方法主要有级进杂交、育成杂交、导入杂交和经济杂交等。

一、肉羊主要杂交方法

（一）级进杂交

级进杂交是以两个品种杂交，即以改良品种公羊连续同被改良品种母羊及各代杂种母羊交配。当一个品种生产性能很低，又无特殊经济价值，需要从根本上改良时，可应用另一改良品种与其进行级进杂交。以国外一些优质肉羊品种如杜泊羊对当地土种羊小尾寒羊级进杂交为例，级进杂交模式如图2-9。

在级进杂交时，需要在杂交后代中创造性地应用和保留被改良品种的一些特性，如适应性、高繁殖力等具有特殊经济价值的性状，因此应根据杂交后代的具体表现和杂交效果、当地

小尾寒羊♀×杜泊羊♂
　→杜寒一代♀×杜泊羊♂
　　→杜寒二代♀×杜泊羊♂
　　　→杜寒三代♀×杜泊羊♂
　　　　→……

图 2-9　级进杂交模式图

生态环境和生产技术条件等来确定级进杂交的代数。一般认为，如果用引入品种级进杂交改良当地品种时，杂交代数以 2~3 代为宜，这样所获得的后代杂交优势最大，即具有引入品种的优良生产性能，又具有当地品种的良好适应性。若级进杂交代数过高，会使后代的杂交优势下降，失去当地品种的适应能力。

（二）育成杂交

当原品种不能满足需要时，则利用两个或两个以上的品种进行杂交，最终育成一个新品种。用两个品种杂交育成新品种称为简单育成杂交，用三个或三个以上品种杂交育成新品种称为复杂育成杂交。在复杂育成杂交中，各品种在育成新品种时的作用并不相等，其所占比重和作用有主次之分，这要根据在杂交过程中杂种后代的具体表现而定。应用育成杂交创造新品种时一般要经历以下 3 个阶段。

（1）杂交改良阶段。这一阶段的主要任务是以培育新品种为目标，选择参与育种的品种和个体，较大规模地开展杂交，以便获得大量的优良杂种个体。在培育新品种的杂交阶段，选择较好的基础母羊，能加快杂交进程。

（2）横交固定阶段（自群繁育阶段）。这一阶段的主要任务是选择理想型杂种公、母羊互交，固定杂种羊的理想特性。横交初期，后代性状分离比较大，需严格选择。凡不符合育种要求的个体，则应归到杂交改良群里继续用纯种公羊配种。有严重缺陷的个体，则应淘汰出育种群。在横交固定阶段，为了尽快固定杂种优良特性，可以采用一定程度的亲缘交配。横交固定时间的长短，应根据育种方向、横交后代的数量和质量而定。

（3）发展提高阶段。杂种羊经横交固定阶段后，遗传性比较稳定，并已形成独特的品种类型，只是在数量、产品品质和品种结构上还不完全符合品种标准，此阶段可根据具体情况组织品系繁育，以丰富品种结构，并通过品系间杂交和不断组建新品系来提高品种的整体水平。

（三）导入杂交

当一个品种基本上符合生产需要，但还存在个别缺点、用纯种繁育不易克服时，或者是用纯种繁育难以提高品种质量时，可采用导入杂交的方法。

导入杂交的模式是：用所选择的导入品种的公羊配原品种母羊，所产杂种一代母羊与原品种公羊交配，一代公羊的优秀者也可配原品种母羊，所得含有 1/4 导入品种血统的第二代，就可进行横交固定；或者用第二代的公羊、母羊与原品种继续交配，获得含外血 1/8 的杂种个体，再进行横交固定。因此，导入杂交的结果在原品种中外血含量为 1/4 或 1/8。

导入杂交时，要求所用导入品种必须与被导入品种是同一生产方向。如我国某些绵、山羊有尖斜尻及后躯发育差的缺点，可采用导入杂交法，供其迅速纠正缺陷而提高产肉性能。澳大利亚在澳洲美利奴羊中导入 1/4 林肯羊血液，育成了著名的波尔华斯品种绵羊。

（四）经济杂交

经济杂交是两个或两个以上的品种进行杂交，产生的杂种后代供商品用，而不作种用。它是利用不同品种杂交，以获得第一代杂种。杂种羊具有生活力强、生长发育快、饲料转化率高、产品率高等特点，多用于肉羊的生产，尤其是肥羔生产。但杂种优势并不是在所有品种之间都存在，要通过不同品种杂交组合试验来发现最佳组合。生产中已取得结果表明，每只配种母羊的断奶羔羊在体重方面，2 品种杂交的杂种优势比纯种高

13%；3 品种杂交超过纯种 38%，超过 2 品种的 25%；4 品种杂交的优势又超过 3 品种的 18%。所以，在商品肥羔生产中，组织 3 品种或 4 品种的杂交更有利于提高经济效果。

二、杂种优势的利用

杂种优势是指不同的种群（品种、品系或其他种用类群）杂交所产生的杂种，往往在生活力、生长势和生产性能等方面，表现在一定程度上优于其亲本群体的现象。杂种优势多在经济杂交中产生，理论上是由于非加性基因作用的结果，包括显性、不完全显性、超显性、上位以及双因子杂交遗传等因素。但是，绵羊的所有经济性状并不是以同样程度受杂种优势的影响。一般说来，在个体生命早期的性状如断奶存活率、幼龄期生长速度等受的影响较大；近亲繁殖时受有害基因影响较大的性状，杂种优势的表现程度相应地也较大；同时，杂种优势的程度还取决于进行杂交时亲代的遗传多样性。一般将生长发育快、体型大、饲料报酬高、产肉性能和胴体品质好的波德代羊、杜泊羊、无角道寒特羊、夏洛莱羊、萨福克羊、南非肉用美利奴羊等品种的公羊作为杂交用父本，将适应性好、繁殖力高、群体数量多的地方优良品种（如小尾寒羊）作杂交用的母本，杂种优势比较明显。杂种优势的大小通常用杂种优势率来表示，它反映的是杂种群体生产水平高于双亲群体生产水平的平均值的百分率。

（一）杂种优势在生产中的利用

不同杂交组合的杂种优势率不同，不同性状表现的杂种优势也有差异。因此，在利用肉羊的杂种优势时，最好通过杂交组合筛选和配合力测定。王金文（2003）利用杜泊羊与小尾寒羊杂交，杜寒杂交组合的生长速度快。其中平均日增重的优势率比双亲提高 10.29%。

（二）杂交效果分析

近十年来，国内无论科研还是生产上，应用最多的是二元杂交。作父本用最多的品种是无角道赛特羊和杜泊羊，用作母本最多的品种是小尾寒羊，杂交效果最好的组合是萨福克羊与小尾寒羊，平均日增重达到了 376 克，其次是无角道赛特羊与小尾寒羊杂交 312 克，以及杜泊羊绵羊与小尾寒羊杂交一代（公母羔）平均 306 克。

（三）杂交羊育肥效果

利用杂交羊育肥，在舍饲和补饲条件下，杂种优势表现明显。在所报道的资料中大都表现其生长速度快、饲料报酬提高、适应性较强、屠宰率和出肉率高等特点。只有极少数在生态环境恶劣，又完全依靠放牧的条件下，杂种优势表现不明显，或不表现杂种优势。

无角道赛特公羊与小尾寒羊杂交，道寒一代羊全部舍饲，精饲料由玉米 50%、麸皮 30%、豆粕 20% 组成，日喂量 0.5～0.7 千克。粗饲料自由采食，有草粉、花生秧、青贮玉米秸等。试验结果表明，道寒杂一代公羔 6 月龄 40.44 千克，母羔 35.22 千克。选择公羔测定：屠前体重 44.41 千克，胴体重 24.2 千克，屠宰率 54.49%，胴体净肉率 79.11%。

萨福克羊和无角道赛特羊与小尾寒羊杂交，选萨寒、道寒和小尾寒羊各 15 只，于 2 月龄断奶并开始试验，日粮组成：玉米 65%、麸皮 20%、黑豆 8%、菜籽饼 5%、石粉 1%、食盐 0.5%、生长素 0.5%。经 50 天试验，平均日增重萨寒 375.6 克、道寒 366 克、小尾寒羊 316 克，萨寒和陶寒分别比小尾寒羊提高增重 18.86% 和 15.82%，杂种优势明显。

利用杜泊绵羊公羊与小尾寒羊母羊杂交，喂给全颗粒饲料；平均日增重达到 306 克，饲料报酬 4.25：1，分别比小尾寒羊提高 20% 和 21.17%。此外，杜寒杂交一代在山东地区尤其是在鲁西北农村表现特别耐粗饲，对低品质秸秆和牧草有较高的利用率，不仅肉的品质有较大改善，而且皮革质量也有较大提高。

第三节　肉羊品种的选择和培育

一、肉羊的主要经济性状

肉用羊是以生产羊肉为主要用途的绵羊或山羊，一般应具备适应性好、繁殖力强、生长速度快、胴体品质优良等特征，这些性状也是现代肉羊育种最关键的目标。

（一）适应性

适应性是肉羊最重要的经济性状之一。如果适应性不好，存活率低，则生产性能、繁殖能力和经济效益都不可能提高。山羊几乎可适应一切环境，其适应性是所有家畜中最好的。相对而言，绵羊较山羊的生态适应幅度狭窄，但同样存在品种间差异。适应性属于低遗传力性状，本品种选择的遗传进展很慢，可通过杂交育种迅速改善肉羊的适应性。

（二）繁殖性能

繁殖性状包括受胎率、产羔率、四季繁殖能力等，是对肉羊生产效率贡献最大的性状。在肉羊育种中，除产羔率外，还应将产羔间隔、四季繁殖特性、断奶窝重、断奶成活率等指标纳入育种计划。可用母羊繁殖指数（DRI）来衡量母羊群体繁殖能力，计算公式如下：

$$母羊繁殖指数（DRI）=（窝产羔数×羔羊存活数×初生重）×\frac{365}{产羔间隔}$$

该指标集合了母羊产羔率、产羔间隔、羔羊初生重以及存活率等信息，反映单位母羊每年产羔贡献力，可进行不同品种繁殖力强弱性的比较。

（三）生长速度

肉羊的生长速度可分为断奶前平均日增重和断奶后平均日

增重。如果计划生产肥羔，则断奶前日增重最为重要。如要生产料羔或在周岁及成年时出栏，则断奶后生长速度也十分重要。可将繁殖性状和断奶前生长速度等综合成母羊生产指数（DPI）和效率指数（DEI）。

生产指数（DPI）= 受胎率×窝产仔数×断奶成活率×

$$\frac{365}{产羔间隔}（初生重+断奶前日增重×断奶月龄）$$

$$效率指数（DEI）= \frac{生产指数}{成年母羊体重^{3/4}}$$

可用生产指数度量各品种的群体肉用生产力。体重大的母羊生的羔羊一般也比较大，但体重大的母羊用于维持和繁殖的营养需求也较小个母羊的高。因此，还可计算效率指数，用于反映母羊成熟体重变异。

（四）胴体品质

胴体品质包括屠宰率、瘦肉率、优质肉块比例等。肉羊的屠宰率一般在 50% 左右。随着羊生长，脂肪比例会逐渐增加，骨头比例逐渐减小，而瘦肉比例几乎维持不变。从百分比看，肌肉最多的是腿、肩部，但这些部位的比例会随着肉羊的生长会逐渐减小。

二、肉羊品种选择

（一）各品种肉用生产力评价与比较

肉羊品种的科学评价对合理利用遗传资源及培育新品种都十分重要。利用相关文献中的数据，计算各品种母羊繁殖指数和生产指数，对若干引进羊品种及地方品种资源进行初步评价。为便于比较，设置"标准型肉用山羊"和"理想型肉用绵羊"。"标准肉用山羊"参数是以波尔山羊为基础设定，其定义为：每产 2 羔，年产 3 羔，两年三产，初生重 3.63 千克，断奶前平均日增重 170 克。"理想型肉用绵羊"参照国内外品种的共同特点制定，定义为：每胎2羔，年产3羔，两年三产，初生重4.5千克，断奶前平均日增重280克。各品种与"标准型"或"理想型"羊相应指标的比值，称为拟合度。表2-1和表2-2括号中数值即为拟合度。该数值越大，表示肉用生产力越高。

表2-1　常见绵羊品种繁殖力及肉用生产力评价

品种	母羊繁殖指数	母羊生产指数	母羊效率指数
小尾寒羊	14.52（1.08）	80.89（1.11）	4.39（1.46）
大尾寒羊	11.44（0.85）	52.84（0.72）	2.75（0.92）
湖羊	10.99（0.82）	67.98（0.93）	4.36（1.45）
洼地绵羊	11.34（0.84）	59.05（0.81）	3.71（1.24）
萨福克羊	10.11（0.75）	53.69（0.74）	1.73（0.58）
白萨福克羊	9.80（0.73）	53.40（0.73）	1.73（0.58）
无角道赛特羊	10.00（0.74）	48.53（0.66）	2.01（0.67）
夏洛莱羊	10.85（0.80）	46.06（0.63）	1.65（0.55）
德国肉用美利奴羊	9.94（0.74）	58.4（0.80）	2.39（0.80）
杜泊羊	9.94（0.74）	67.59（0.93）	2.41（0.80）
特克赛尔羊	11.86（0.88）	60.75（0.83）	2.38（0.80）
东佛里生羊	15.10（1.12）	107.80（1.48）	4.03（1.34）
理想型肉用绵羊	13.5	73	3

表2-2　常见山羊品种繁殖力及肉用生产力评价

品种	母羊繁殖指数	母羊生产指数	母羊效率指数
波尔山羊	10.2（1.00）	57.35（1.00）	2.50（1.00）
努比亚山羊	11.27（1.10）	42.98（0.75）	2.47（0.99）
黄淮山羊	5.89（0.58）	28.83（0.50）	3.31（1.32）
南江黄羊	6.84（0.67）	51.11（0.89）	3.41（1.36）
马头山羊	6.15（0.60）	50.26（0.88）	3.59（1.44）
成都麻羊	5.70（0.56）	42.58（0.74）	3.12（1.25）
贵州山羊	6.78（0.66）	43.28（0.75）	3.31（1.32）

（续表）

品种	母羊繁殖指数	母羊生产指数	母羊效率指数
陕南山羊	6.22（6.22）	67.76（1.18）	5.68（2.27）
长江三角洲山羊	3.87（0.38）	29.60（0.52）	3.33（1.33）
鲁北山羊	6.37（0.62）	47.26（0.82）	3.54（1.42）
古蔺山羊	7.06（7.06）	36.83（0.64）	2.48（0.99）
板角山羊	4.10（0.40）	29.69（0.52）	2.30（0.92）
川东白山羊	4.48（0.44）	16.30（0.28）	1.67（0.67）
雷州山羊	5.20（0.51）	38.44（0.67）	2.12（0.85）
福清山羊	6.76（0.66）	31.79（0.55）	2.76（1.10）
宜昌白山羊	4.79（0.47）	40.75（0.71）	3.44（1.38）
隆林山羊	5.59（0.55）	22.49（0.39）	1.30（0.52）
戴云山羊	3.45（0.34）	20.12（0.35）	1.84（0.74）
湘东山羊	4.33（0.43）	25.57（0.46）	2.36（0.94）
金堂黑山羊	8.05（0.79）	54.17（0.94）	2.90（1.16）
乐至黑山羊	8.22（0.81）	69.29（1.21）	3.37（1.35）
自贡黑山羊	5.98（0.59）	42.48（0.74）	2.69（1.08）
大足黑山羊	8.35（0.82）	57.56（1.00）	3.61（1.44）
标准型肉用山羊	10.2	57.35	2.50

（二）品种选择

在考虑适应性的前提下，宜选择表 2-2 中生产指数高的品种。在南方多数地区宜养殖肉用山羊，北方应以生产力高的绵羊为主，兼顾山羊。具体来说，在中原肉羊优势生产区域，小尾寒羊、洼地绵羊、湖羊、黄淮山羊、长江三角洲山羊等可为母本，公羊可选杜泊羊、萨福克羊、德国或南非肉用美利奴羊、东佛里生羊、波尔山羊、马头山羊、努比亚山羊等。西南肉羊优势区内盛产繁殖力强、肉用性能良好的黑山羊，金堂黑山羊、乐至黑山羊、大足黑山羊、简阳大耳羊、成都麻羊、南江黄羊、贵州白山羊等都是优良的母本，公羊可选波尔山羊、努比亚山羊等。在中东部农牧交错带肉羊优势生产区域，应选夏洛莱羊、道赛特羊等，与地方良种绵羊杂交。在西北肉羊优势生产区域，宜饲养道赛特羊、萨福克羊、白头萨福克羊等品种羊，改良本地低产绵羊。

三、肉羊新品种培育

我国至今尚未培育出高水平的专门化肉羊品种。因此，应根据肉羊区划，积极推进良种培育。在中原优势肉羊产区，宜以肉用绵羊育种为主。可利用小尾寒羊、湖羊、东佛里生羊及若干中毛品种肉羊培育出综合肉羊品种。也可借鉴阿尔科特羊配套系育种经验，以小尾寒羊、湖羊为基础，适度引入东佛里生羊的血液，培育出比小尾寒羊、湖羊更优良的多胎多产母本品种。在西南优势肉羊产区，应加强黑山羊的利用，可应用努比亚山羊和波尔山羊，培育出肉用性能胜过南江黄羊和接近波尔山羊的新型肉用山羊品种。在中东部农牧交错带肉羊优势生产区域和西北肉羊优势生产区域，可利用分子标记技术，将小尾寒羊和湖羊的多胎基因导入当地绵羊群体，培育出适宜当地自然生态条件的高繁殖力母本绵羊。

第三章　肉羊的繁殖

第一节　肉羊繁殖的生理基础

肉羊的繁殖是指公羊与母羊通过交配、精卵细胞结合，使母羊怀孕，最后分娩产生新的一代的过程。羊的繁殖是养羊业生产中的一个最关键的环节。因为只有通过羊繁殖过程，才能增加羊群数量，进行扩大化再生产，并通过发挥优良种羊的作用，来不断提高羊群的质量，实现更大的经济效益。掌握肉羊的繁殖现象和规律，是进一步应用繁殖技术，充分发挥肉羊的繁殖潜力，提高其生产性能的重要前提条件。

一、发情和排卵

（一）初情期

母羊生长发育到一定年龄时，开始表现发情和排卵，为母羊的发情期，是性成熟的初期阶段。初情期以前，母羊的生殖道和卵巢增长较慢，不表现性活动。初情期以后，随着第一次发情和排卵，生殖器官的大小和重量迅速增长，性机能也随之发育。大多数肉羊品种3月龄左右时，公羔就追逐母羔，有爬跨动作，而母羔在此阶段也开始出现周期不正常的发情和排卵。初情期与品种、气候、营养因素有密切关系。营养良好的母羊体重增长很快，生殖器官生长发育正常，因此初情期表现较早，营养不良则使初情期延迟。

（二）性成熟与初配年龄

性成熟是指性器官已发育完全，具有产生繁殖能力的生殖细胞和性激素。性成熟时，公羊产生精子，母羊产生成熟的卵子，如果此时将公、母羊相互交配，即能受胎，但母羊身体的其他系统的生长发育还未完成，故性成熟初期的母羊一般不宜配种。肉羊生长到6月龄左右才达到性成熟。一般母羊体重达到成年羊的80%左右时，就可以进行第1次配种。初配年龄也受品种和管理条件的制约，如果草场和饲养条件较差的地区，初次配种年龄可以适当地推迟。肉羊是早熟品种，饲养管理条件好的地区，可以提前到8~10月龄配种。

（三）发情与排卵

发情为母羊性成熟以后所表现出的一种具有周期性变化的生理现象。羊的发情行为表现及生殖器官的一系列变化是直观可见的，因此是发情鉴定的主要依据。

（1）性欲和性兴奋。性欲是母羊愿意接受公羊交配的一种行为。在发情初期，母羊性欲表现不明显，以后逐渐显著。排卵以后，性欲逐渐减弱，到性欲完全消失后，母羊则又拒绝公羊接近或爬跨。

母羊发情时，表现兴奋不安、鸣叫、食欲减退、反刍和采食时间明显减少。不拒绝公羊接近或爬跨，或者主动接近公羊的爬跨交配，甚至母羊间出现相互爬跨的现象。

（2）生殖道发生变化。外阴部充血肿大，柔软而松弛，阴道黏膜充血发红，由苍白色变为鲜红色，上皮细胞增生，前庭腺体分泌物增多，因此阴道间断地排出鸡蛋清样的黏液，初期稀薄，后期变得浑浊黏稠。子宫颈开放，子宫蠕动加强，输卵管的蠕动、分泌和上皮纤毛的波动也增加。

（3）卵泡发育和排卵。发情时，卵巢上有卵泡发育成熟，卵泡破裂后，卵子排出。肉羊自然情况下排卵1~2枚，但多胎品种如湖羊、小尾寒羊等可能一次会排1~5枚。

（4）发情持续期。发情持续期是指母羊每次发情的持续时间，即从开始出现发情现象到发情现象消失为止的一段时间。肉羊的发情持续期为16~36小时。母羊的发情持续期与品种、个体、年龄和配种季节等有密切的关系。羔羊初情期发情持续期最短，成年羊最长，繁殖季节初期发情持续期较短、中期最长。

（5）发情周期。母羊在发情期内，若未经配种，或配种但未受孕，经过一定时间就会出现再次发情。从上次发情开始到下次发情开始的时间间隔，称为发情周期。肉羊的发情周期为14～17天。发情周期同样受个体、饲养管理条件等因素影响。

（6）产后发情。母羊分娩后的第1次发情称为产后发情。一般季节性繁殖的绵羊、山羊品种，产后只有到了发情季节如春季或秋季才能发情，我国一些地方绵羊品种如小尾寒羊、湖羊等均四季发情，这对于在生产上组织密集产羔非常重要。

二、妊娠期

绵羊、山羊从开始怀孕到分娩，这一时期称为怀孕期或妊娠期。肉羊妊娠期为142～150天。怀孕期的长短，因品种、多胎性、营养状况等的不同而略有差异。早熟品种多半是在饲料比较丰富的条件下育成的，怀孕期较短，平均为145天左右；晚熟品种多在放牧条件下育成的，怀孕期较长，平均为149天左右。若干的绵羊、山羊品种平均怀孕期如表3-1。

表3-1　几种绵羊、山羊品种发情周期

羊品种	萨福克羊	无角道赛特羊	波德代羊	小尾寒羊	马头山羊	建昌黑山羊	波尔山羊	南江黄羊
发情周期/天	147	146.72	145.62	148.29	149.68	149.13	148.2	147.94

第二节　肉羊养殖的配种技术

一、肉羊繁殖季节

母羊大量正常发情的季节称为羊的繁殖季节。绵羊属于短日照型繁殖动物，繁殖季节一般开始于日照开始由长变短时，结束于日照开始由短变长时。但光照并不是控制繁殖季节的唯一因素，温度、湿度、营养、管理等对繁殖季节也有一定的影响。

（一）配种季节的选择

对于能四季发情的肉羊品种，只要配种在任何季节都能繁殖。但选择配种时间首先应有利于羔羊的成活、生长发育和母羊的健康，还要根据所在地区的气候和生产技术条件来决定。如果只产冬羔；一般 7—9 月配种，12 月至翌年 1—2 月产羔；如果产春羔，一般在 10—12 月配种，翌年 3—5 月产羔。随着集约化生产条件和生产技术的不断提高，产羔时间可以根据生产计划来安排配种时间，而不受季节限制。对肉羊而言，一般可安排一年两产或两年三产。一年两产的母羊可在 4 月配种，当年 9 月产羔；第二产于 10 月配种，翌年 3 月产羔。两年三产的母羊，第一年的 5 月配种，10 月产羔；翌年 1 月配种，6 月产羔；再于翌年 9 月配种，第三年的 2 月产羔。如果进行胚胎移植生产，用一些国外优良品种如波德代羊、杜泊羊、萨福克羊、德克塞尔羊等作供体，最好安排母羊产羔 40 天以后配种。

（二）母羊适宜的配种时间

从理论上讲，配种应在排卵前几小时或十几小时进行，才能获得较高的受胎率。但是，由于排卵时间很难准确判断，事实上，一般多根据母羊发情开始的时间和发情征兆的变化来确定配种时间，同时采用人工授精重复配种技术，来提高母羊的受胎率。肉羊配种的最佳时间是发情开始后 18~30 小时。因这时子宫颈口开张，容易做到子宫颈内输精。通过对肉羊发情时间的观察和配种试验研究，其最佳配种时间可根据阴道流出的黏液来判定发情的早晚，黏液呈透明黏稠状即是发情开始，颜色为白色即到发情中期，如已混浊且呈不透明的黏胶状，即到了发情晚期，是配种输精的最佳时期。但一般母羊发情的开始时间很难判定。根据母羊发情晚期排卵的规律，可以采取早晚两次试情的方法挑选发情母羊。早晨选出的母羊到下午输 1 次精，第二天早上再重复输 1 次精；晚上选出的母羊到第二天早上输 1 次精，下午重复输 1 次精。

二、配种技术

肉羊的配种方法有自由交配、人工辅助交配和人工授精三种。

（一）自由交配

把公羊、母羊按一定的比例［一般 1 ：（30~40）］混群饲养，公羊可随时与发情母羊自由交配。这是养羊业中最原始的配种方法，该法简单易行，适合小群分散的生产单位。若公羊、母羊比例适当，可获得较高的受胎率。但也存在许多缺点：如无法推测母羊的预产期，因而无法控制产羔时间，羔羊年龄大小不一，给饲养管理带来不便；公羊追逐母羊，无限制地交配，耗费精力，影响羊群抓膘；无法掌握交配情况，后代血统不明，容易造成近亲交配或早配，难以实施选配计划，并为以后的选种带来困难；种公羊利用率低；容易造成各种疾病的交叉感染。

（二）人工辅助交配

人工辅助交配是将公羊、母羊分群隔离饲养或放牧，在配种期内用试情公羊试情，把挑选出来的发情母羊与指定的公羊交配。这种交配方式不仅可以记载清楚公羊和母羊的耳号、交配日期，而且能够预测分娩期、节省公羊精力、增加受配母羊头数。但种公羊的利用率也比较低，优秀种公羊的作用有限。

（三）人工授精

人工授精是通过人为的方法，将公羊的精液输入母羊的生殖器内，使卵子受精以产生后代。用种公羊精液进行人工授精能大大增加与配母羊的数目，特别是冷冻精液的长期保存和推广应用，使精液的利用率显著提高，因此能提高优秀种公羊的利用率；人工授精所使用的精液都经过品质检查，质量优良，通过对母羊发情鉴定，可以掌握适宜的配种时机，减少空怀不孕率，提高母羊的受胎率；由于人工授精技术极大地提高了种公羊的配种能力，便于选种，使良种遗传基因的影响显著扩大，大幅度地提高后代的生产性能，加速对地方品种的改良速度；应用人工授精技术以后，只需保留极少数优秀个体，淘汰原有大量种公羊，从而可以节省饲草、饲料及管理费用，降低饲养成本，提高经济效益。人工授精避免了公羊与母羊直接接触，并有严格的技术操作规程，可以防止因交配而感染的疾病的传播。人工授精技术已成为当前我国养羊业中最常用的一项实用生物技术。

三、人工授精技术

（一）人工授精场地及其主要设备

人工授精场地主要设在母羊分布密度大、水草条件好、交通方便、无传染性疾病、地势平坦的地方。授精场地（图 3-1）主要包括采精室、精液处理室、输精室、母羊待配圈、种公羊及试情公羊棚圈等。

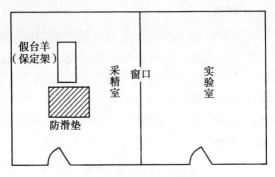

图 3-1　羊人工授精室

采精室、精液处理室和输精室要求光线充足、空气新鲜、地面坚实，最好用砖铺地，保持清洁，避免尘土飞扬，为利于工作，三室要互相连接。室温要求保持在 18~25℃。一般规模的采精室为 12~20 平方米，精液处理室为 8~12 平方米，输精室为 20~30 平方米。

（二）公羊、母羊的准备

对参加配种的公羊至少在配种前 1 个月左右进行精液品质检查，保证配种工作按计划进行。开始配种以前，每只公羊至少要采精 15~20 次，开始每天采 1 次，临近配种期隔一天排精 1 次，每次都要进行精液品质检查，采精人员不宜经常更换。

对于参加人工授精的母羊，在配种前和配种期，要加强饲养管理，保证母羊满膘配种，单独组群，防止公羊、母羊混群。

（三）试情公羊和台羊的准备

为准确把握母羊的配种时间，在人工授精工作中，必须准备试情公羊，用试情公羊每天从待配母羊群中找出发情母羊，以便及时配种。试情公羊要求体质结实、健康无病、性欲旺盛、生产性能良好，年龄 2~5 岁。试情时可以使用试情布，也可以对试情公羊进行输精管结扎或阴茎移位等处理。使用试情布时，一定要捆结实，要经常检查是否脱落，以防止偷配现象。

如果使用真台羊，采精前就应选好台羊，台羊的体格应与采精公羊体格的大小相适应，且发情明显。如使用假台羊，提前准备如图 3-2 所示假台羊。

（四）器械的消毒

为避免感染疾病或影响精液品质，从而降低母羊受胎率，人工授精场所和供采精、授精及与精液接触的一切器械都必须经过严格的消毒。人工授精所用的器械、药品必须放在清洁的橱柜内，各种药品及配制的溶液必须贴有标签。

器械的洗涤可用洗衣粉或洗涤剂。用毛刷、试管刷、纱布等刷去残留物，并用蒸馏水反复冲洗，然后用洁净的蒸馏水冲洗 2 遍，用消毒干净的纱布擦干或自然干燥。在洗刷假阴道内

图 3-2　假台羊示意

胎和输精器时，一定要除去污垢，先用 70% 的酒精擦拭，待酒精挥发后，用蒸馏水冲洗 2 次，再用生理盐水冲洗 2 次。金属开膣器可先用 70% 的酒精棉球消毒或用 0.1% 的高锰酸钾溶液消毒，消毒后放在温（冷）开水中冲洗 1 次，再放在生理盐水中冲洗 1 次即可使用，也可用火焰消毒法消毒。

　　消毒好的器材和消毒药液要按性质、种类分别包装，防止污染并注意保温。

　　（五）常用溶液及酒精棉球的制备

　　人工授精前，必须提前配好所用溶液，做好酒精棉球。配制生理盐水（0.9% 的氯化钠溶液）溶液时，先准确称量 9 克化学纯氯化钠粉，溶解于 1 000 毫升的煮沸消毒过的蒸馏水中即可。70% 的酒精的配制方法是在 74 毫升 95% 的酒精中加入 26 毫升蒸馏水。制作酒精棉球和生理盐水棉球时，将棉球做成直径 2~4 厘米大小圆球，放入广口玻璃瓶中，加入适量的 70% 酒精或生理盐水即可，棉球不宜过湿，盖好，随用随取。

　　（六）采精

　　（1）假阴道安装。采精前几分钟安装好假阴道（图 3-3），先放在开水中浸泡 3~5 分钟，然后将内胎装入外壳，并使其光面朝内，而且要求两头等长，然后将内胎一端翻套在外壳上，用同样的方法套好另一端，内胎不要出褶，不能扭转，松紧适度，两端分别套上橡皮圈固定。装好后用酒精棉球消毒，再用生理盐水棉球擦洗数次。

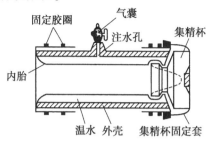

图3-3　假阴道结构示意图及其安装操作

从灌水孔向假阴道中注入温水，水温50～55℃，保证采精时假阴道的温度在40～42℃为宜，注水量为150～180毫升，为外壳与内胎间容量的1/2～2/3。装上气嘴，关闭活塞。用清洁玻璃棒蘸少许灭菌凡士林均匀涂抹在内胎的前1/3处，也可用生理盐水棉球擦洗保持润滑。通过气门活塞吹入气体，使内胎的内表面保持三角形、合拢而不向外鼓。

（2）采精方法。先保定台羊，采精人员右手握假阴道后端，固定好集精杯（瓶），蹲在台羊右后侧，当公羊爬跨时，迅速将阴茎导入假阴道内，保持假阴道与阴茎呈一直线。当公羊用力向前一冲即为射精，此时操作人员应顺着公羊动作移下假阴道，并迅速将其竖起，打开活塞上的气嘴，放出气体，取下集精瓶，盖好后送精液处理室检查。

（3）采精后器械的清理。倒出假阴道内的温水，将假阴道、集精杯等消毒清洗，放好待用。

（七）精液品质检查

采精后要立即进行精液品质检查，要求快速而准确，环境温度以18～25℃为宜，通常检查以下指标。

（1）色泽。用肉眼观察，正常精液为浓厚的乳白色或乳酪色混悬液体，如精液呈现浅灰色或浅青色，是精子少的特征；深黄色表示精液内混有尿液；粉红色或淡红色表示有新的损伤并混有血液；红褐色表示生殖道中有深的旧损伤；有脓液混入时精液呈现淡绿色；精囊发炎时，精液中会发现絮状物。

（2）射精量。采完精液后，直接从集精杯的刻度中读取射精量。

（3）气味。刚采得的正常精液略有腥味，当睾丸、附睾或附属生殖腺有慢性化脓性病变时，精液有腐臭味，不能用来输精。

（4）状态。刚采得的公羊精液，用肉眼观察可以看到由于精子活动所引起的翻腾滚动极似云雾的状态。精子的密度越大、活力越强，云雾状运动越明显。因此，可根据云雾状态的明显程度来判断精子的强弱和密度的大小。

（5）精子活率。检查时以灭菌玻璃棒蘸取 1 滴原精液，或用生理盐水稀释过的精液 1 滴放在载玻片上加盖玻片，在显微镜下放大 300~600 倍观察。显微镜下所观察到的精子有直线运动、回旋运动、摆动运动和不运动。在 37℃ 左右条件下，根据直线运动的精子所占全部精子的比率来评定精子的活率和确定其等级。全部精子都作直线前进运动则评为 1.0 级，90% 的精子作直线前进运动为 0.9 级，以下依此类推。原精液精子活率应在 0.7 级以上。原精液稀释后精子活率 0.4 级、冻精解冻后 0.35 级以下的不宜进行输精。

（6）精子密度。精子密度是指单位体积的精子个数。常用的方法有显微镜观察法、计数法以及光电比色法。

①显微镜观察法：取 1 滴新鲜精液在显微镜下观察，根据视野内精子多少将精子密度分为"密""中""稀"和"无"四种情况。"密"即视野中精子密集，精子与精子间的空隙很小，不足以容纳一个精子，看不清单个精子运动。"中"即精子间距相当于 1 个精子的长度，可以看清单个精子的运动。"稀"即精子数不多，精子间距很大，约超过 2 个精子的长度（图 3-4）。"无"即是没有精子。

②计数法：用血球计数板进行。先用红血球稀释管吸取原

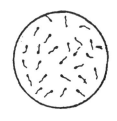

图 3-4 精子密度评估参照示意图
（从左到右分别为"密""中""稀"）

精液至 0.5 刻度处，用纱布擦去吸管头上黏附的精液，再吸取 3%~5% 的氯化钠溶液到 101 刻度处，以拇指和中指按住吸管两端充分摇动，使氯化钠溶液与精液充分混匀。吹掉管内最初几滴液体，然后将吸管尖放在计数板中部的边缘处，轻轻滴入被检精液 1 小滴，让其自然渗入计数室内，这时即可在 600 倍显微镜下计算精子。计数 5 个大方格精子总数乘以 1 000 万即为 1 毫升精液的精子数。如波德代羊的精子密度为 22 亿~38 亿/毫升。

③光电比色法：先将经过精确计数的原精液样本 0.1 毫升加入 5 毫升蒸馏水中混匀，在光电比色计中测定透光度，读数记录，做出精子密度表，以后测定精子密度时，只要按此法测定透光度，通过查表就可知道每毫升精子数。

（7）精子形态。凡是精子形态不正常的均为畸形精子，如头部过大（或过小）、双头、双尾、断裂、尾部弯曲、带原生质滴等。合格精液的畸形精子率不得超过 14%（图 3-5）。

（八）精液的稀释

人工授精所选用的稀释液要力求配制简单、费用低廉，具有延长精子寿命、扩大精液量的作用。

（1）最常见的稀释液。

①生理盐水稀释液：用注射用 0.9% 生理盐水，或用经过灭菌消毒的 0.9% 氯化钠溶液作稀释液，稀释后应马上输精。这是一种简单易行且比较有效的方法。此种稀释液的稀释倍数不宜

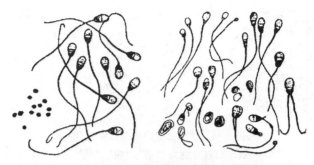

图3-5　正常精子和畸形精子示意图
（左图为正常精子，右图为各种畸形精子）

超过2倍。

②葡萄糖卵黄稀释液：于100毫升蒸馏水中加葡萄糖3克、柠檬酸钠1.4克，溶解后过滤灭菌，冷却至30℃，加新鲜卵黄20毫升，充分混合。

③牛乳（或羊乳）稀释液：用新鲜牛乳（或羊乳）以脱脂纱布过滤，蒸汽灭菌15分钟，冷却至30℃，吸取中间乳液即可作稀释用。

上述各种稀释液中，每毫升稀释液应加入500~1 000国际单位青霉素和1毫克链霉素，调整溶液的pH值为6.8~7.0后使用。

（2）精液稀释方法。精液稀释比例一般以1：（2~4）为宜，25亿以上的精子可作1：（40~50）的高倍稀释。精液稀释液的温度要与精液的温度一致，一般在25~30℃下进行，将与精液等温的稀释液沿精液瓶壁缓缓倒入，用消毒过的细玻璃棒搅匀。如作20倍以上的高倍稀释时，应分两步进行，先加入稀释液总量的1/3~1/2作低倍稀释，稍等片刻后再将剩余稀释液全部加入。稀释完后，必须对精液经过品质检查方可分装、保存或输精。

（九）输精

输精是在母羊发情期的适当时间，用输精器械将精液送进母羊生殖道的操作过程。输精技术是影响母羊受胎率的最主要因素之一。

（1）输精的准备工作。输精前应准备好输精器材，主要包括玻璃（或金属）输精器、开膣器、输精细管等。输精器械应用蒸汽、75%酒精或置于高温干燥箱内消毒；开膣器洗净后在消毒液中消毒；输精细密可用酒精消毒。所有器械在使用前均须用稀释液冲洗2~3遍。

要输精的母羊均应进行发情鉴定，以确定最适的输精时间。常温或低温保存的精液，需要升温到35℃左右，并再次镜检精液品质，符合要求才能用于输精。

（2）输精方法。

①鲜精输精方法：母羊发情持续期很短，一般28小时左右，所以，当天找出的发情母羊当天就配种1~2次。

将母羊外阴部消毒干净，输精员右手持输精器，左手持开膣器，先将开膣器慢慢插入阴道，将待配母羊的阴道扩开，借助光源寻找子宫颈，子宫颈附近黏膜颜色较深，找到子宫颈后，把输精注射器前端插入子宫颈口内0.5~1.0厘米深处，注入原精液0.05~0.1毫升或稀释液0.1~0.2毫升。

在输精过程中，如果是初配母羊，阴道狭窄，无法用开膣器进行操作时，可进行阴道输精，但要加大输精剂量。如果发现母羊有阴道炎症，必须对输精器进行消毒后才能继续为下一只母羊输精。

②冻精输精方法：

冷冻精液的解冻方法：颗粒冻精的解冻有干解冻和湿解冻两种方法。干解冻法是将一粒精液放入灭菌小试管中，置于60℃水浴中快速融化至1/3颗粒大小时，迅速取出在手心轻轻搓动至全部融化。湿解冻法的操作是在电热杯65~75℃的温度下解冻，先用解冻液冲洗已消毒过的试管，倒掉部分解冻液，将冻精颗粒放入试管内，每次2粒，轻轻摇动直至冻精颗粒溶化至绿豆粒大小时，迅速取出放于手中揉搓，借助手温使全部融化。也可在壁薄口径大的解冻管内加入 0.1 毫升医用维生素 B_{12}（加入量以能润湿管壁为原则），迅速放入 2 粒冻精后，立即将其放入 45~55℃ 的水浴中轻轻摇动，当冻精颗粒基本溶解后，即转入 37℃ 的恒温水浴中，待用。

细管冻精的解冻方法一般在 38~42℃ 温度下解冻。用两步法，先用较热的水待精液融化 1/3~1/2 时转移至与室温相近的水浴中继续解冻。

安瓶型冷冻精液的解冻可在 37℃ 的水浴中解冻，也可在室温下解冻，待精液全部融化后，迅速检查其活率。

冷冻精液的输精方法：用冻精解冻后输精，解冻后精子活率要求不低于 0.3，安瓶及细管型冻精解冻后精子活率要求 0.35 以上。输精次数要求 2~3 次。在确认母羊发情后，即可进行输精，一般一天输精 2 次，间隔 10~12 小时，或早晚各 1 次，需 3 次输精的可于次日早晨再输精 1 次。冻精在输卵管活动时间一般是 5~6 小时，必须把握输精时间，在输精时应注重输精部位和输精次数，采用子宫颈深部输精，深度一般达 2.5 厘米以上，效果较好，如果借助腹腔镜进行子宫内输精，产羔率会更高。

输精后的所有器具及时清洗消毒，放好待用。

（十）精液的运输

如果输精地点离采精地点有一定的距离，在运输时要尽可能缩短运输时间，防止剧烈震动，并避免温度、化学药品等对精液造成不良影响。运输前将稀释好的精液注入经过消毒的干燥的小试管中，上面覆盖 0.5 厘米的石蜡，再用橡皮塞盖严管口，周围包裹一层棉花，然后再用纱布包好，贴上标签注明公羊号、采精时间即可。

（十一）精液的保存

精液的保存有鲜精保存法和冻精保存法两种。

（1）鲜精液保存。精液稀释后，如果不立即用于输精，可以对精液进行保存。在生产实践中根据不同的需要，采用适当的保存方法。可在 20℃ 以下的室温环境中保存 1~2 天；或在常温保存的基础上，进一步缓慢降温至 0~5℃，保存 2~3 天；也可将精液进行长期低温冷冻保存。

（2）精液的冷冻保存。将优良种公羊的精液用冷冻的方法保存起来，在任意时间对母羊进行输精，是现代养羊生产中广泛使用的一种方法。因为通过冷冻精液的制作，可使一只公羊年产 8 000 份以上的可供输精用的颗粒冻精，或可生产 0.25 型细管冻精 10 000 枚以上。因此能大大增加授配母羊的数目，提高种公羊的利用率；通过精液冷冻把最优良或最有育种价值的羊品种资源长期保存下来，随时可以利用，这对于肉羊的育种和保种工作都具有重大的科学价值；应用冻精能快速扩大生产规模，加快品种改良进程，提高养羊业的整体生产水平。一些外来肉羊品种，其冻精可以作为一种商品，在国内、国际间流通，参加贸易活动，取得较大的经济效益。

第三节　母羊产羔与接羔技术

一、母羊产羔前的准备工作

（一）饲草饲料的准备

由于冬春羔当年可进行繁殖配种或育肥出栏，因此养羊场将绵羊产羔时间大多都安排在冬春季节。而我国北方大部分地区冬春季节气候寒冷，牧草枯萎时间较长，特别是积雪天，放牧地基本上没有牧草可采食，全靠舍饲饲养。所以，羊场除了贮备正常饲养羊只所需的草料外，还要特别贮备一些优良牧草，以备母羊产羔时及产羔前后期利用。提前将栏具、料槽及草架等用具检查、修理好，并用碱水或石灰水消毒。

（二）产羔室的准备

规模较大的羊场，要有专门的接产育羔室，即要有产房。

舍内应有采暖设施，如安装火炉等，但要注意尽量不在产房内点火升温，以免因烟熏使羊患肺炎或其他疾病。产羔期间，要尽量保持产房恒温和干燥，一般以 5~15℃为宜，相对湿度应保持在 50%~55%。

产羔前应把产房提前打扫干净，墙壁和地面用 5%的碱水或 2%~3%的来苏儿水消毒，在产羔期间还应消毒 2~3 次。

尽量将产羔母羊在产房内单栏饲养，因此在产羔比较集中时要在产房内设置分娩栏，既利于避免其他羊干扰，又便于母羊认羔，一般可按产羔母羊数的 10%设置。消毒后的接羔棚舍应保持温暖、地面干燥、空气清新、光线充足。

(三) 劳动力及药品的准备

国外一些优质肉羊品种双羔率较高，因此还要配备一定数量的辅助劳动力，并且要分工明确，落实责任，昼夜坚守岗位。兽医人员必须准备好充足的碘酒、酒精、高锰酸钾、药棉、纱布及产科器械，以及产羔期间母羊和羔羊发生常见病时所必需的药品，准备好接羔及助产所需的用具。

二、接羔技术

(一) 母羊产羔征兆

母羊在临产前，表现神态不安、食欲减退、时常回顾腹部、肷窝下陷明显，尤以产前 2~3 小时下陷最明显；行动困难，排尿次数增乳房肿大，乳头直立；阴门肿胀潮红，有时从阴道流出浓稠黏液。临产母羊表现孤独、常站立墙角处、喜欢离群、放牧时易掉队、用蹄刨地、起卧不安、不时鸣叫等，有这些征兆的母羊应留在产房，工作人员做好接产准备。

(二) 正常接产

母羊产羔前应先将其乳房周围和后肢内侧的毛剪去，以免初生羔羊吃乳时吃下脏毛。用温水洗净乳房，并挤出几滴初乳，再将母羊的尾根、外阴部和肛门洗净，最好用 1%来苏儿水消毒。

　　母羊分娩过程开始是以子宫颈的扩张和子宫肌肉有节律性地收缩为主要特征，在开始阶段，大约每 15 分钟收缩 1 次，每次持续约 20 秒，这种一阵一阵的收缩现象称为"阵缩"。在子宫阵缩的同时，母羊的腹壁也伴随着发生收缩，称为"努责"。母羊靠阵缩和努责产生的动力将胎儿娩出。在母羊阵缩和努责的同时，扩张的子宫颈和阴道成为一个连续的管道。胎儿和尿诞绒毛膜随之进入骨盆口，尿囊绒毛膜开始破裂，尿囊液流出阴门，称为"破水"。这一阶段的时间持续 2~6 小时。随后胎儿继续向骨盆口移动，同时引起膈肌和腹肌反射性收缩，使胎儿通过产道产出。正常分娩的经产母羊，在羊膜破裂后 10~30 分钟，羔羊即能顺利产出（图 3-6）。

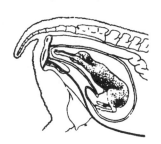

图 3-6　母羊顺产时羔羊胎位

　　母羊正常分娩过程一般持续几分钟至半小时左右，若产双羔，先后间隔 5~30 分钟，产羔过程母羊表现努责、阵痛。正常胎位的羔羊，出生时一般是两前肢和头部先出，头部紧贴在两前肢的上面，最后是整个躯体出来。

　　羔羊产出后，先把其口腔、鼻腔里的黏液掏出擦净，多数肉羊品种母性好，认羔能力强，羔羊身上的黏液一般都是母羊自己舔净。如果分娩时间较长，羔羊出现假死情况时，可及时采用如下急救措施：提起羔羊的两后肢，使羔羊悬空，同时拍打其胸背部，或者使羔羊平卧，用两手有节律地推压羔羊胸部两侧，都能使羔羊恢复正常。

羔羊出生后，一般母羊站起，脐带自然断裂，这时在脐带的断端涂 5% 的碘酒消毒。如脐带未断，可在离脐带基部 6~10 厘米处将内部血液向两边挤，然后在此处剪断，涂抹浓碘酒消毒。

（三）难产及助产

母羊在产羔过程中，最好让母羊自行产出羔羊。如果发生难产，视难产情况进行助产。如果因初产母羊阴道狭小或怀双羔母羊分娩第二胎时已间隔时间太长而发生难产，可采用的助产方法是：人在母羊的体躯后侧，用膝盖轻压其胁部，羔羊嘴露出后，用一手推动母羊的会阴部，羔羊头部露出后，再用一手托住头部，一手握住胎儿，随母羊的努责向后下方拉出胎儿。如属胎位不正而引起的难产，应先将胎儿露出的部分送回阴道，把母羊的后躯抬高，手入产道校正胎位后，随母羊有节奏的努责，将胎儿拉出。如胎儿过大，胎儿不能产出，可将胎儿两前肢反复数次拉出或送入，然后一手拉前肢、一手扶头，随母羊的努责缓慢向下方拉出胎儿。在助产过程中，切忌用力过猛，以免拉伤母羊阴道。

三、产后母羊和羔羊的护理

（一）产后母羊的护理

母羊产羔后有疲倦、饥饿、口渴的感觉，个别母羊会咬食胎盘和沾染胎液的垫草。因此在母羊产羔后应及时给母羊一些掺有少量麦麸的温水，或给一些豆浆水，以防母羊噬食胎衣。母羊产羔后应让其休息好，产后 3 天内可不出牧，不运动，让其与羔羊一起待在接羔室内，如果羔羊体弱，可延长母羊的留圈时间。应给予母羊优质青干草，让其自由采食，精料不宜过多，不能饮冰水。3 天后饲料与饮水可恢复正常。

注意保暖、避免贼风，预防感冒。母羊哺乳期间，要勤换垫草，保持羊舍清洁、干燥（图 3-7）。

图 3-7　产羔母羊隔离栏

（二）初生羔羊的护理

初生羔羊体质较弱，适应能力低，抵抗力差，容易发病。因此，要加强护理，保证羔羊成活及发育健壮。羔羊初生后，要及时编号，并保证让其尽早吃上初乳，对于缺奶羔羊，要找保姆羊代养或人工哺乳。羔羊初生后，体温调节功能不完善，房舍温度过低，会使羔羊体内能量消耗过多，体温下降，影响羔羊健康和正常的生长发育。因此，要做好初生羔羊的防寒保暖工作，搞好圈舍的卫生管理，减少羔羊接触病原菌的机会，降低羔羊发病率。饲养人员要勤检查，及时发现病羔，及时治疗，特殊护理。

第四节　肉羊养殖的胚胎移植生产技术

一、超数排卵技术和同期发情技术

（一）供体羊的准备和超数排卵

（1）供体羊的选择。在优良种羊群中，选择年龄为 2.5 ~ 6 岁，体格健壮，无遗传性、传染性和繁殖性疾病、无空怀史的母羊作供体。对所选择的供体母羊提前进行传染病检疫，进行预防注射和体内外寄生虫的驱虫工作。要注意检出已经妊娠的母羊,产羔母羊必须产羔 40 天以后才能作供体,原则上不宜选择青年后备母羊作供体,不宜选择 6.5 岁以上母羊作供体。对选出的供体羊根据胚胎移植每天工作效率的具体情况适当分组,一般以每组 10~15 只为宜。

(2)供体羊的饲养管理。在饲养管理上,要保持供体羊的适宜体况,根据营养状态调整日粮标准,加强运动,供体羊在采卵前后,应保证良好的饲养条件,在优质牧草的草场放牧,并补充高蛋白、多维生素和矿物质饲料,在配种前半个月就开始补饲,并供给清洁的饮水,不能随意改换草料和管理程序,使羊群保持中上等膘情,合理饲喂,精心管理。移植前后几天,对供体母羊最好每天每只补饲 1 千克左右的混合精料。使用全价或平衡日粮,其中蛋白质含量不低于 17%、矿物质含量丰富。

(3)供体羊的超数排卵和配种。

①促卵泡素(FSH)减量处理法:供体母羊阴道内放置 CIDR(一种阴道孕酮释放装置)12 天(内含孕酮 300 毫克)。分别在供体羊埋植 CIDR 的第 10 天、第 11 天连续 2 天注射 FSH,每天 2 次,每次注射 1.5 毫升,第 12 天、第 13 天连续 2 天注射 FSH,每天 2 次,每次注射 1 毫升,于撤栓时一次注射 PMSG(孕马血清促性腺激素)300 国际单位。

撤栓后 12 小时开始用公羊试情,每 12 小时试情 1 次,对发情羊及时进行配种。采用本交或本交加人工授精相结合的方法进行配种,连续配种 3~4 次,每次间隔 12 小时。保证供体羊撤栓后 18~48 小时内输精 3 次。

②FSH 恒量处理法:供体母羊阴道内放置 CIDR 装置 12 天(内含孕酮 300 毫克),于第 10 天开始每天注射 FSH(加拿大产)2.5 毫升,每天 2 次,连续 4 天,并分别于第 10 天、第 12 天注射 PMSG 0.5 毫升和 1.0 毫升,第 2 次注射 PMSG 的同时撤除 CIDR,次日试情配种。

可采用本交加人工授精相结合的方法,即当发现母羊发情时,就进行本交 1 次,间隔 12 小时,再进行人工授精 1 次,如果有必要，还可以进行第三次人工授精。如果配种技术有保证，也可完全采用连续 3~4 次人工授精的方法。

（二）受体羊的准备和同期发情

（1）受体羊的选择。根据所选择供体羊的数量，确定受体羊的数量，一般供体羊、受体羊的比例为 1：（5~7）。选择年龄在 2.5~6 岁、健康、无传染病和生殖疾病、营养良好、发情周期正常、体格较大的经产当地土种羊或其他品种绵羊作受体。受体羊同样需要进行传染病检疫、预防注射和体内外寄生虫的驱虫工作。

（2）受体羊的饲养管理。受体羊的饲养管理也十分重要，保证受体羊在胚胎移植前后，体重处于增加状态，有利于提高胚胎移植成功率。要提前对所选择的受体羊加强饲养管理，保持其中等以上的营养水平，严禁与公羊混群饲养。

（3）受体羊的同期发情。将受体羊根据供体羊的分组情况进行相应的按比例分组，同一组的供体羊、受体羊标记相同，不同组的供体羊、受体羊要标记分明，与供体羊同批次的受体羊在供体羊埋植 CIDR 的同时埋植 CIDR 或阴道海绵栓。以埋栓日为第 1 天，于埋栓的第 13 天下午撤除 CIDR 和海绵栓，并于撤栓同时肌注 PMSG300 国际单位至 400 国际单位。

（4）受体羊的发情鉴定。受体羊于撤除阴道海绵栓后 12 小时开始用试情公羊试情，每日 3~4 次，做好标记和记录。有条件的单位，可将在不同时间发情的受体羊分群管理。严禁公羊偷配。

二、胚胎移植技术

（一）准备工作

（1）器械、药品和场地的准备。试验所用主要仪器包括麻醉机、内窥镜、电动机械剪毛剪、外科手术器械（包括手术刀、手术钳、缝合用具）、胚胎操作器械（体视显微镜、胚胎分割仪等）、氧气瓶、二氧化碳瓶、无影灯具、人用导尿管、羊用手术车等。

所用主要试剂：消毒药、麻醉液、冲卵液、胚胎保存液等。

采胚及胚胎移植须在专门的手术室内进行，手术室要求洁净明亮、光线充足、地面平整（用水泥或砖铺成）。配备照明用电。室内温度保持在 20~25℃。在手术室内设专门套间，作为胚胎操作室，手术室内定期消毒，手术前用紫外灯照射 1~2 小时，在手术过程中不应随意开启门窗。术前 1 小时将冲卵液和胚胎保存放在 37℃ 的水浴中预热。手术前一天，所需一切器械均需严格消毒。

（2）供体羊的准备。供体羊手术前停食 24 小时，可适量饮水。待供体进入准备室内，剪去其颈部被毛，颈静脉注射麻醉剂 1~1.5 毫升（按体重 1 毫升/50 千克），进行术前麻醉。

将术羊轻抬至手术架上腹部朝上保定后，剪去乳三角前方约 20 厘米×20 厘米部位的被毛，先用碘水清洗干净，后用 75% 酒精和碘（9：1）均匀喷洒在术部，用卫生纸从前向后擦拭，最后一次喷洒后不擦，推入手术室内待晾干后进行手术。

（二）冲取胚胎（子宫法）

根据胚胎移植工作进程，在供体羊配种后的 6~8 天进行冲胚和移植。

（1）麻醉机的操作规程。手术前给供体羊带上呼吸罩，呼吸罩与麻醉机相连。麻醉气体由氧气和混合麻醉剂组成。控制氧气流速为 1~2 升/分钟（P=6×100 千帕），供体羊吸入麻醉剂的浓度从手术开始至结束应为恒速减量吸入：从开始的 5 升/分钟至冲完胚的 3 升/分钟，再至开始缝合皮肤伤口的 1 升/分钟，结束时为 0 升/分钟。

（2）冲胚过程。供体羊手术部位剪毛、消毒，保定在手术车上后，将手术架抬起，使羊前高后低呈半仰卧姿势。在手术部位盖上灭菌的一次性创布，使预定的切口部位暴露在创布开口的中央，用手术钳固定在皮肤上。在乳三角前端，腹中线两侧各开一小口（距腹中线 3~4 厘米，距乳头 7~8 厘米）。左侧开口较小（约 1 厘米），右侧开口较大（2~4 厘米），分别供内窥镜进入和子宫的引出。

切开组织时应注意要直线切开，避开较大的血管、神经和第 1 次手术瘢痕；切口边缘与切面整齐，方向与组织走向一致；依次切开皮肤、皮下组织、腹膜三层组织，内窥镜配合二氧化碳从左孔插入，观察卵巢的情况并记录黄体的数量。

手术钳从右切口插入，通过腹腔镜观察卵巢，不可用力牵拉卵巢，若不使用腹腔镜时，不可触摸黄体。找到子宫，夹住子宫后从右侧切口引出，用事先配好的消毒液进行湿润和消毒。在子宫角交叉前端与子宫相反的方向用术剪尖端轻轻开一小口，插入导胚管 1~2 厘米。用 20 毫升注射器吸 6~8 毫升空气吹起气囊，然后在输卵管靠近卵巢的地方与输卵管相反的方向插入冲卵针头（钝形），当确认针头在管腔中，进退畅通时，将硅胶管连接于注射器上，用 20~30 毫升 ECM（细胞外基质）缓冲液缓慢冲胚（发现有液体流入培养皿后有节奏地进行推注）。ECM 推注完后，再吸入 10~20 毫升空气将残留在子宫内的液体冲出。随后抽出气囊中的气体，取出冲胚管，另一侧子宫用同样的方法进行冲胚。

手术过程注意止血。常见的毛细血管出血或渗血，用纱布轻压出血处。其他血管出血一般要先结扎，再进行手术。

（三）胚胎的质量鉴定和分级

（1）胚胎鉴定。从子宫内回收的冲卵液放在体视显微镜下（低倍）大致观察回收卵的数目，用微吸管轻轻地把所观察到的胚胎聚集到视野中央。观察胚胎的发育情况，记录冲出的胚胎数和可用胚胎数，然后换成高倍显微镜，观察胚胎的质量，最后把胚胎转移到提前准备好的盛有胚胎保存液的小培养皿中，标记羊号及胚胎类型和数目，盖好盖子，待移植。根据观察将胚胎分成以下几种类型。

①桑椹胚：卵裂球隐约可见，细胞团的体积几乎占满卵周

间隙。

②囊胚：细胞团内出现透亮的囊胚腔，滋养层细胞分离，细胞团充满卵周隙。

③扩展囊胚：囊腔充分扩张，体积增加，透明带变薄，相当于原来的 1/3。

④孵出囊胚：透明带破裂，细胞团从囊腔孵出透明带。

⑤未受精卵：凡卵子的卵黄未形成分裂球及细胞团的，均列为未受精卵。

⑥死胚：细胞轮廓不清，边缘不整齐，细胞突出，细胞暗淡。

（2）胚胎分级。在受精后一定时间内，胚胎的实际发育阶段和应该发育到的阶段是否相吻合，是胚胎继续发育的关键。根据受精卵的形态、色调、分裂球的大小、均匀度、细胞的密度、与透明带的间隙及变性情况等将胚胎分为以下几个等级。

A 级：胚胎形态完整，轮廓清晰，呈球形，分裂球大小均匀，结构紧凑，色调和透明度适中，无附着的细胞和液泡。

B 级：轮廓清晰，细胞和细胞密度良好，可见到少量的细胞和液泡，变性细胞占 10%~30%。

C 级：轮廓不清，色调发暗，结构较松散，游离的细胞和液泡较多，变性细胞占 30%~50%。

除此之外，胚胎的等级划分还应考虑到受精卵的发育程度。发育后第 7 天回收的受精卵在正常发育时应处于致密桑椹胚阶段至囊胚阶段。凡在 16 细胞以下的受精卵及变性细胞超过一半的胚胎均属等外级。

（四）胚胎分割

对于质量好、发育至囊胚阶段和扩张囊胚阶段的胚胎都可以进行分割后移植。用机械切割手进行切割时，先用专用拉针仪制作玻璃针，细度为 3 微米，固定管内径要求 100 微米，切口要整齐，并用锻熔仪烧圆。切割前所用的针、管均用胚胎保存液冲洗。将培养胚移至倒置显微镜或实体显微镜下，调整焦距，找到胚胎，用固定吸管固定胚胎，用玻璃针从内细胞团正中切开。也可徒手用刀具分割，不用固定管，先用刀具在培养皿底上划一刀痕，再用刀尖将胚胎拨至刀痕上，调整好内细胞团的位置，用刀片从上向下垂直把胚胎切成两半。

（五）术口缝合

缝合前创口必须彻底止血，用加抗生素的灭菌生理盐水冲洗，清除手术过程中形成的血凝块等。缝合时要求按组织层次分层缝合，对合严密、创缘不内卷、外翻，缝线结扎松紧适当，缝合进针和出针要距创缘 0.5 厘米左右，针间距要均匀，所有结要打在同一侧。

主要缝合方法有间断缝合和连续缝合。间断缝合用于张力较大、渗出物较多的伤口缝合，如肌肉和皮肤的缝合，在创口处每隔 1 厘米缝一针，针针打结。连续缝合只在缝线的头和尾打结。螺旋形缝合是最简单和一种连续缝合，用于子宫、腹膜和黏膜的缝合；锁扣缝合，像做衣服锁扣眼的方法，用于直线形肌肉和皮肤的缝合。

将子宫缝合后按拉出方向的相反方向轻轻放入腹腔内，倒入预热的消毒液（0.9%氯化钠+15 毫升复合抗生素+5 毫升肝素钠）200~300 毫升，冲去凝血块，湿润子宫，用于子宫的复位和伤口的消毒。然后依次对腹膜、肌肉和皮肤进行缝合。缝合后，撤除麻醉机后放平手术架，推出手术室。每只供体羊颈部肌内注射复合抗生素 5 毫升、前列腺素 1 毫升。

（六）移植胚胎

（1）受体羊术前准备。受体羊术前停食 24 小时，可适量饮水。剪去颈部颈静脉被毛，颈静脉注射 1.0~1.3 毫升麻醉剂；保定在受体手术架上，剪去腹毛（剪毛面积略小于供体羊），用碘酒喷雾消毒。

（2）移植胚胎。将受体羊推进手术室，在乳三角前端 5~7 厘米处、腹中线两侧 2~3 厘米处，避开血管，各切约 1 厘米的小口。左侧只切开皮肤和皮下组织,内窥镜刺穿腹膜直接进入腹腔,寻找卵巢,观察每侧卵巢上黄体的发育状况和数目。胚胎移至黄体侧子宫,无黄体侧不移植。

操作员将手术钳插入右侧腹腔,寻找子宫,将子宫角引导至切口外,先用钝针头刺穿子宫角尖端子宫壁,将提前装好胚胎的移植管顺子宫角方向插入宫腔,推出胚胎,随即子宫复位。皮肤复位后立即将腹壁切口覆盖,皮肤切口用碘酒、酒精消毒,一般不需缝合。若切口增大或覆盖不严密,应进行缝合。受体羊手术和胚胎移植操作(包括切割、装管等)需由 2 个操作员同时进行。为防止胚胎在吸管中丢失,装管时要先吸一段培养液,再吸一小气泡,然后轻轻吸取胚胎,再吸一小气泡,最后再吸一小段液体,待移植。从开始对受体羊进行手术到胚胎移植完毕,整个过程 3~5 分钟。

子宫壁术口无须缝合,将其缓缓推入腹腔内,喷洒消毒液缝合伤口;左侧只用铁圈缝合皮肤,右侧缝合两层,内层连续缝合,皮肤用铁圈缝合。

受体推出手术室后,注射复合抗生素 5 毫升/只。

(七)术后的饲养管理

对术后受体羊需精心管理,避免应激,谢绝参观,以防受体羊发生大量流产。术后 1~2 情期内要注意观察返情情况,若返情则应进行配种或胚胎移植。对没有返情的羊应加强饲养管理,妊娠前期应满足母羊对热量的摄取,防止胚胎因营养不良而引起早期死亡。在妊娠后期应保证母羊营养的全面需要,尤其是对蛋白质的需要,以满足胎儿的充分发育。

规模化胚胎移植受体羊产羔是羊场的一项集中、繁重的生产工作,必须提前准备产羔、接羔工作。受体羊产羔期需精心管理,做好助产、双羔羊和三羔羊的哺乳及保姆羊代乳准备,并要保证母羊哺乳期营养需要,同时应认真、详细填写产羔记录。

第四章　肉羊的饲草和饲料

第一节　肉羊对饲草饲料的利用特点

一、消化系统的解剖学特点

羊属于反刍动物，具有庞大并明显的复胃，包括瘤胃、网胃、瓣胃和皱胃。前三个胃总称为前胃，其黏膜无胃腺，不能分泌胃液。皱胃壁黏膜有腺体，其功能与单胃动物相同，称真胃。胃容积很大，绵羊约为30升，山羊为16升，其中，瘤胃容积最大，通常占整个胃容积的78%~85%。

二、瘤胃的消化特点

瘤胃虽不能分泌消化液，但胃壁强大的纵形肌能够强有力地收缩和松弛，进行节律性的蠕动，以搅拌食物。胃黏膜上有许多乳头状突起，有助于食物的揉磨。瘤胃内存在着大量的微生物和原虫，每毫升内容物有细菌1 010~1 011个，原虫105~106个，对食物的分解和营养物质的合成起着极其重要的作用，从而使瘤胃成为活体内的一个庞大的、高度自动化的"饲料发酵罐"。瘤胃具有大量贮积、加工和发酵食物，为宿主提供各种营养物质的功能。

三、对饲草饲料利用的特点

（1）日粮组成离不开粗饲料。瘤胃微生物可以分泌分解纤维素、半纤维素的酶，将饲料中的纤维素和半纤维素分解为挥发性脂肪酸被吸收利用。因此，它可以有效地利用各种粗饲料。

（2）可以有效的利用非蛋白氮（NPN）。瘤胃微生物可以将尿素等非蛋白氮转化为微生物蛋白，随着食糜的移动进入真胃和小肠后即被消化吸收。因此，日粮中一般不需要考虑必需氨基酸的用量，可以利用一部分非蛋白氮直接生产高品质的动物蛋白。

（3）瘤胃微生物具有合成 B 族维生素和维生素 K 的能力，以满足肉羊营养需要。因此，在考虑肉羊营养需要和配制日粮时，一般不考虑这些维生素。

（4）瘤胃微生物发酵产生甲烷和氢，其所含的能量被浪费掉，微生物的生长繁殖也要消耗一部分能量。所以，肉羊的饲料转化效率一般低于单胃动物。

（5）瘤胃消化是为宿主动物提供各种营养需要的主要环节，充分满足瘤胃微生物最大生长繁殖的营养需要和维持瘤胃正常的环境，是充分发挥肉羊生产潜力的基本前提。肉羊具有成熟早、体重增长快、繁殖力高等特点。为了满足肉羊高产的需要，必须供给其富含蛋白质、能量的精饲料和富含胡萝卜素的鲜嫩多汁饲料。

（6）瘤胃微生物的发酵，将一些高品质的饲料原料，如高品质的蛋白质饲料、脂肪酸等，分解为挥发性脂肪酸和氨等，造成营养上的浪费。因此，一方面应利用大量廉价饲草饲料以保证瘤胃微生物最大生长的需要，另一方面又要采用一些现代饲养技术将高品质的饲料保护起来，躲过瘤胃发酵而直接到真胃和小肠消化吸收，是提高饲草饲料利用率极为有效的方法。

第二节　肉羊营养需要

羊的营养是维持羊的生命、生长、繁殖、泌乳、长毛等所需要的物质，包括蛋白质、碳水化合物、脂肪、矿物质、维生素和水六大类。这些物质都含在饲料中（水还需另给），饲料中营养物质的分类如下。

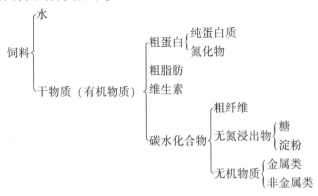

一、蛋白质

蛋白质是一种复杂的有机化合物，除含有碳、氢、氧、氮4种元素外，有些蛋白质含有硫、磷、铁、铜等金属元素。蛋白质是一切生命的物质基础，肉羊身体的1/5来自蛋白质，羊体的各个器官和组织、血液等均含有大量蛋白质。其产品，如肉、毛、绒、皮、乳等均以蛋白质为主要成分组成。蛋白质也是修补体组织的必需物质。羊体内碳水化合物和脂肪不足时，蛋白质可在体内经分解、氧化释放热能，补充碳水化合物和脂肪的不足。日粮中缺少蛋白质时，不仅影响健康、生长和繁殖，使生产能力和产品品质降低，还会降低对疾病的抵抗力。

二、碳水化合物

碳水化合物是含碳、氢、氧3种元素的有机物，碳水化合物中氢和氧的组成比例和水中氢和氧的组成比例一样，只有碳不同，所以称作碳水化合物。碳水化合物由粗纤维和无氮浸出物（淀粉和糖）组成。粗纤维包括纤维素、半纤维素和木质素等，是植物细胞壁的主要成分，也是饲料中最难消化的营养物质。尽管它的营养价值不高，但羊日粮中不可缺少。肉羊日粮中碳水化合物约占干物质重量的 75%，只要供给羊足够的草料和放牧饲养，一般不会缺乏。

三、脂肪

脂肪由碳、氢、氧 3 种元素所组成，根据脂肪的结构，分成真脂肪与类脂肪两大类。真脂肪由脂肪酸与甘油结合而成，类脂肪由脂肪酸、甘油及其他含氮物质结合而成。羊的主要饲料是青草、干草、树叶、秸秆等，这些饲料中含有饱和脂肪酸与不饱和脂肪酸，主要是不饱和脂肪酸。不饱和脂肪酸在羊的瘤胃中经过氧化作用，变成饱和脂肪酸，在进入小肠经过消化吸收后，变成体脂肪贮存于脂肪组织中。饲料中的碳水化合物和蛋白质经过羊的消化吸收代谢后，多余的也可转化为体脂肪贮存起来。

四、矿物质

饲料燃烧后，剩余部分为灰分，或称矿物质。矿物质是构成羊体骨胳和牙齿的主要成分，羊体中的矿物质元素有 20 多种，常量元素主要有钙、磷、钠、钾、氯、镁、硫等。微量元素主要有铁、铜、锌、硒、碘、钴、钼等。它们的存在对动物有机体的消化、吸收、代谢、酸碱平衡、渗透压的维持和畜体的构成，都具有极为重要的作用。羊体为了保持血浆和体组织矿物质成分的平衡，必须要从富含矿物质的饲料中得到充分满足。

五、维生素

维生素的主要作用是调节生理功能、保持健康和预防疾病。维生素可分为脂溶性和水溶性两大类。脂溶性维生素主要有维生素 A、维生素 D、维生素 E、维生素 K 4 种；水溶性维生素包括 B 族维生素和维生素 C、维生素 P 等。

放牧羊在青草季节，一般不缺乏维生素，冬、春季节维生素易缺乏，应注意补充。

六、水

水是羊体各组织器官的重要组成部分之一，约占体重的60%。羊唾液含水99.2%，每天分泌量为8~10升，血液中含水80%以上，肌肉中含水72%~78%，坚硬的骨骼中约含有45%，羊每采食1千克饲料干物质，需3~4千克的水。

水分对肉羊肥育作用很大。水能刺激胃肠消化液的分泌，帮助消化吸收，运输各种养分，促进新陈代谢，排泄废物（汗、尿等），调节体温，润泽器官，缓解关节摩擦，还可保持体形等。

因此，羊生存一天，就时刻不能脱离水。羊体内缺乏水，健康会受影响，生产力下降，尤其是泌乳母羊，产奶量会迅速减少。如羊体内失去10%的水分，能导致代谢紊乱；失去20%的水分就会危及生命。

第三节　常用饲料原料及营养成分

羊的饲料来源十分广泛，且多种多样，按其来源、性质和营养特性可分为以下几种。

一、青绿饲料

青绿饲料的种类很多，主要包括天然牧草、栽培牧草、农作物的茎叶和藤蔓、各种杂草和菜叶、能被利用的灌木嫩枝叶和水生植物等。

青绿饲料，色泽鲜绿，柔软多汁，干物质少，水分含量一般为60%~85%，养分浓度低，有效能值不高。每千克青饲料消化能为1.26~2.51兆焦，粗蛋白含量较丰富，禾本科和菜叶类含粗蛋白为1.5%~3%，豆科青草为3.2%~4.4%。幼嫩青绿饲料含粗纤维、脂肪都少，矿物质含量占青绿饲料重的1.5%~

2.5%。青饲料最大特点：含胡萝卜素多，每千克含 50~80 毫克；维生素 B 族、维生素 C、维生素 E 和维生素 K 的含量较丰富。羊对青饲料的消化率在 70%以上，粗蛋白的消化率可达80%。青绿饲料含水多，吃青饲料，要适当给一些精料。

二、粗饲料

凡天然水分含量在 45%以下，干物质中粗纤维含量在 18%以上的饲料均属粗饲料。粗饲料包括干草、秸秆和秕壳等。粗饲料体积大，水分少，粗纤维含量高，营养价值低，蛋白质含量低，适口性差，难消化。

粗饲料中的干草，因收割时期和调制方法不同，营养价值变动范围很大，总的看调制后的干草，除维生素增加外，多数养分比青饲料及青贮饲料有较多的损失。青干草在枯草季节是羊的最基本、最主要的饲料，在生产实践中，干草不但是必备的饲料，又是一种贮存形式，可以缓冲枯草季节青饲料的不足。在羔羊肥育期，单靠吃青干草不易达到短期强度肥育的目的，但在羔羊育肥的日粮中，必须含有一定量的青干草，这样可增强瘤胃的功能，促进采食量，增进健康，提高肥育效果。

三、青贮饲料

青贮饲料是利用青绿饲料（切碎）装在青贮窖、塔、壕或袋中密闭，经过乳酸发酵或化学制剂调制而可以长期贮存的一种饲料。如玉米秆青贮、藤类青贮、鲜菜青贮等，青贮饲料是羊的一种优良青绿多汁饲料。

青贮饲料基本上保持了青绿饲料的青鲜状态，较多的保存青饲料的营养物质。经过青贮的饲料，其养分的损失，一般不超过 10%，优质的青贮饲料养分只降低 3%左右，青贮饲料能有效地保存蛋白质和维生素（胡萝卜素）。一般的青绿植物，成熟晒干后，由于失水再加上枝、叶的脱落，其养分损失 30%~50%，而晒干的青饲料维生素（胡萝卜素）损失高达

80%~90%。

青贮饲料由于乳酸发酵，可使粗硬的秸秆和野草茎秆质地柔软，多汁芳香，含水量可保持在70%左右，而干草的含水量在15%上下。青贮饲料不仅多汁，而且适口，易消化。青贮饲料由于味道芳香，可以刺激食欲，增加采食量，提高肥育效果。因此，在青饲料生长旺盛季节，要大力搞好青贮。青贮时按青贮原料的0.5%~0.8%加入尿素，在装窖的过程中逐层均匀地撒（喷洒）在青贮的原料上，可大大提高饲料的质量。

四、能量饲料

干物质中粗纤维含量在18%以下，粗蛋白含量在20%以下，每千克消化能在10.46兆焦以上的饲料均属于能量饲料，消化能在12.55兆焦以上的称为高能饲料。能量饲料主要分谷物类籽实，如玉米、大麦、高粱、小麦、燕麦等；加工副产品，如麸皮、米糠、玉米皮和粉渣等；块根块茎类，如红薯、马铃薯和胡萝卜等。在能量饲料中常用的是谷物饲料，如玉米、大麦、燕麦、高粱和小麦。这些饲料含水量一般在14%左右，干物质在85%以上，无氮浸出物含量占饲料干物质的66%~80%，粗纤维一般在10%以下，提供的能量大，体积小，适口性好，易消化。特别是玉米，增重效果最好，其次是大麦。燕麦外皮硬，粗纤维含量高于其他谷粒，增重效果不如大麦。小麦有黏性，不好消化，不宜多喂。高粱喂的过多会引起羔羊便秘，日粮中不宜超过25%。但是谷粒饲料中蛋白质含量低，蛋白质的品质比青饲料或动物性饲料差，维生素和矿物质比较缺乏，尤其缺乏维生素A，不符合肥育羔羊的需要，喂肥育羔羊还需要补充一定量的蛋白质饲料和矿物质饲料，断奶前的羔羊可用豆饼制成4毫米大的颗粒与谷粒混合喂，或者用占日粮干物质1%的尿素和谷粒、矿物质拌匀喂，来补充蛋白质和矿物质。

五、蛋白质饲料

蛋白质饲料是指干物质中粗纤维含量在 18% 以下，粗蛋白含量大于或等于 20% 的饲料为蛋白质饲料。蛋白质饲料有黄豆、蚕虫、豌豆、黑豆、黄豆饼、花生饼；菜籽饼、棉籽饼等。

六、矿物质饲料

矿物质饲料是一种补充饲料，羊在生长、繁殖、生产的过程中需要 20 多种矿物质元素，绝大部分可由采食的草料中满足，舍饲肥育或生长发育快的羔羊，对矿物质的需要应由日粮中补给。矿物质饲料有食盐、磷酸氢钙、磷酸钙、石粉、贝壳粉、蛋壳粉等，这类饲料不含蛋白质和热能。

七、饲料添加剂

饲料添加剂是指在配合饲料中加入的各种微量成分。饲料添加剂种类很多，营养性的有氨基酸添加剂，如蛋氨酸、赖氨酸、色氨酸；微量元素添加剂，如铁、锌、锰、硒、碘、钴等；维生素类，有维生素 A、维生素 K、维生素 E、维生素 C、B 族维生素及烟酸、泛酸等。非营养性的有药物添加剂，如抑菌促生长剂、驱虫保健剂等；饲料加工保存添加剂，如抗氧化剂、防腐剂等。

第四节 青绿饲料的营养特点与利用

一、青绿饲料的营养特点

一切天然牧草、人工牧草、青刈饲料作物或各种绿色植物（包括青绿多汁饲料、野生青草、树叶和水生饲料）等均属于青绿饲料。青绿饲料量大、面广，能够较好地被肉羊所利用。

（一）水分含量高

一般青绿饲料的水分含量在 85% 左右，但每千克青绿饲料中仅含消化能 1.26~2.51 兆焦，因而仅靠青绿饲料作为肉羊的日粮是难以满足其热能需要的，必须配合其他能量含量较高的饲料组成肉羊日粮。

（二）适口性好

青绿饲料幼嫩多汁，纤维素含量低，适口性好，消化率高，营养比较均衡，若将青绿饲料按一定的比例加入到肉羊的日粮中，会使肉羊的整个日粮利用率提高。

（三）富含蛋白质

青绿饲料含有丰富的蛋白质，用青绿饲料作为肉羊的基础日粮，能基本满足肉羊在各种生理状态下对蛋白质的相对需要量，若按干物质计算，青绿饲料中粗蛋白含量为 20% 左右，相当于玉米籽实中粗蛋白含量的 2.5 倍，相当于大豆饼中粗蛋白含量的一半。不仅如此，青绿饲料中的氨基酸组成也优于其他植物性饲料，不仅含有各种必需氨基酸，而且以赖氨酸、色氨酸的含量最高。据测定，青草中的蛋白质生物学价值比精饲料还要高 25% 以上，特别是青绿饲料叶片中叶绿蛋白的氨基酸组成近似于酪蛋白，对于肉羊的生长发育特别有利。

（四）富含多种维生素

青绿饲料中含有各种维生素，特别是胡萝卜素。据测定，每千克青草中含有 50~80 毫克胡萝卜素，不仅如此，维生素 B 族的含量也很丰富。例如，1 千克青苜蓿中含有硫胺素 1.5 毫克、核黄素 4.6 毫克、烟酸 18 毫克。此外，还含有一定数量的维生素 E、维生素 K 等。但青绿饲料中不含维生素 D。一般而言，肉羊日粮中保持 1/4 左右的青绿饲料，基本上可满足肉羊对维生素的需要量。

（五）含有一定数量的雌性激素

青绿饲料中还含有一定数量的雌性激素，母羊经常采食青绿饲料，具有促进母羊发情的作用。

此外，青绿饲料中还含有钙、钾等碱性元素，但其含量的高低与青绿饲料的植物种类、土壤条件、施肥情况等有关。肉羊喜食青绿饲料，但在青绿饲料的利用上有很强的季节性，因此，养殖场（户）应想方设法延长青绿饲料的利用期。

二、青绿饲料的利用

（一）牧草

养殖肉羊在利用天然牧草或人工栽培牧草时，应注意把握以下几点。

（1）适时利用。一般天然牧草或人工栽培牧草在抽穗开花前利用比较合适。因此时牧草正处于生长旺盛期，幼嫩多汁，蛋白质含量高，按干物质计算可达到15%以上；牧草质嫩柔软，含粗纤维和木质素比较少，容易消化；牧草中含有多种维生素及磷和钙，产草量也高，如在牧草的幼龄期利用，虽然牧草的品质好，但牧草不仅产量低，而且也不利于牧草的再生；如牧草过老时利用，虽然牧草的产量高，但蛋白质的品质差，维生素含量低，特别是天然牧草，如过老时利用则木质化程度高，消化率下降。因此，对于天然牧草或人工栽培牧草，无论是放牧或青刈利用，均应做到适时。

（2）合理放牧。过度放牧是牧草退化的一个重要原因。肉羊放牧啃食牧草对牧草的影响大小，因牧草的种类而异，豆科牧草和高大禾本科牧草不同于较矮、分蘖较多的牧草，这类牧草不适合于肉羊的放牧啃食，如放牧啃食，因其牧草植物的叶面积减少，再生能力和在根部贮存养分的能力均下降，使之产草量也随之而减少，加之，肉羊放牧践踏导致部分植株死亡，使牧草的覆盖层变薄，在降水量较少的干旱地区（或干旱季节），对牧草的生长危害则更为严重。而轻牧、放牧过少对部分牧草也不利，如在种植良好的早熟禾本科的草场，肉羊放牧啃食严重的放牧区域产草量反而比放牧过轻的区域高，在牧草种植的第三年末就会发现，肉羊放牧啃食较重的放牧区域与放牧啃食较轻的放牧区域比，其牧草的长势要好得多，杂草也较少，未经放牧啃食的牧草结穗多，适口性降低。因此，对于早熟的禾本科牧草，应适当地让羊群放牧啃食，以免其结穗。对于这类早熟的禾本科牧草，一般在春天当牧草长到 10 厘米以上后，再让羊群放牧啃食，而在霜冻到来之前应停止放牧，以利于草场的改良。为了合理地利用草场，对牧场应实行划区域轮牧。

（3）适宜的喂量。青绿饲料幼嫩多汁，粗纤维含量低，适口性好，肉羊很喜欢采食，对于一般羊群来讲，可让其大量地采食，但在夏秋季节，牧草正处于生长旺盛期，产草量大，但对于育肥后期的羊群、怀孕后期的羊群和处于配种期的种公羊，如大量地饲喂青绿饲料反而不利，对这类羊群应适当地控制青绿饲料的采食量，这是因为青绿饲料的水分含量高，其体积相对较大，如育肥后期的羊群、怀孕后期的羊群和处于配种期的种公羊采食青绿饲料过多，虽然有饱腹感，但干物质及其他养分的摄入量不足，对肉羊的育肥、怀孕母羊和胎儿的生长发育以及种公羊的配种均不利。因此，青绿饲料对肉羊的喂量应适宜。

（4）防止中毒。春季牧草萌发，较幼嫩，如羊采食过量则易引起瘤胃胀气或中毒，因此，春季在羊群出牧前应先给羊喂以半饱的干草，经过 15～20 天的过渡，待羊的胃肠功能适应了青草的消化特点后再转入全天放牧，全天放牧时也应在出牧前适当补料。一般对羊的饲喂顺序是：先饮水，然后喂草，待羊吃到五六成饱后，喂给混合精饲料，然后给羊喂饮淡盐水，待羊休息 15～20 分钟后出牧。这样既能防止羊群"跑青"掉膘，又能防止羊群采食过量嫩草而引起瘤胃胀气或中毒。对于农区利用田间杂草养羊，如稍有不慎，就会将受农药污染的田间杂草割回，让羊采食后，会引起羊农药中毒。因此，农区养羊防止农药中毒是肉羊生产中一个特别需要注意的问题。

（二）青刈饲草

青刈饲草直接喂肉羊，是舍饲养羊和半舍饲养羊的好办法。利用青刈饲草养羊，在很大程度上避免了羊群放牧践踏牧草而造成的牧场损失。但是，养殖场（户）对羊群饲喂青刈饲草，劳动力和设备费用较高，加之利用的时间有限，因而在肉羊养殖生产中，常采用青刈饲草和青贮饲草相结合的饲喂方法，既可有效地降低劳动力和设备费用，又可有效地保持青绿饲料的营养特点。

（三）其他饲草

青绿饲料除牧草和青刈饲草外，还有青绿树叶、菜叶等，均是肉羊喜食的青绿饲料。特别是刺槐树叶，蛋白质含量非常丰富，有条件的养殖场（户）应充分挖掘这一宝贵的蛋白质饲料资源。近年来，在我国的西南地区，大量地栽植刺槐放牧灌木丛林，即将栽植的刺槐树长到 1.5 米左右时，将其主干锯断，促使其形成灌木丛林。由于刺槐树根系发达，固沙性能好，不仅对防止土壤沙化有着重要的作用，而且也是肉羊优质的放牧林地。养殖场（户）可结合当地的实际情况，大量地种植刺槐林、狼牙刺灌木林是目前国内外林牧结合的好形式。

第五节　青贮饲料的调制与利用

一、青贮饲料的营养特点

青贮饲料是指将新鲜的青刈饲料、饲草、野草等，进行适当地风干后，切短装入青贮塔、窖或塑料袋内，使其隔绝空气，经过乳酸菌的发酵，制成一种营养丰富的多汁饲料。经过发酵好的青贮饲料，基本上保持了青绿饲料的原有特点，有青草"罐头"之美称。因而，在肉羊的养殖生产上应大力提倡推广。青贮饲料具有如下特点。

（一）青绿鲜嫩

青贮饲料可以有效地保持青绿植物的青鲜状态，使肉羊在青绿饲料缺乏的漫长冬春枯草季节也能吃到青绿饲料。青贮原料经过切短和填埋，使其尽量地排出空气，做到了密封，这样就减少和制止了植物细胞的呼吸作用，为乳酸菌（厌氧菌）的生长发育和繁殖创造了适宜的环境。在乳酸菌的作用下，青贮原料内所含的糖分迅速分解并转化为乳酸，从而使青贮饲料内酸度提高，在 pH 值下降到 4.0 时，则抑制了所有微生物的生长繁殖，使青贮饲料不仅可以长期保存，而且还能够保持青绿植物的青鲜状态。

（二）营养价值高

青贮饲料可有效地保存青绿植物中的营养物质，其养分损失少，尤其是能有效地保存蛋白质和维生素（特别是胡萝卜素）。而一般青绿植物在成熟和晒干之后，由于失水，再加上叶片的脱落，其营养物质的损失为30%～50%，如果在贮存期间受到风吹、雨淋，导致发霉、腐败，其养分损失甚至会更大。若将青绿植物在青绿时期及时制成青贮饲料，其营养物质的损失一般不会超过10%，品质良好的青贮饲料，其养分仅降低3%左右。如每千克青贮玉米中含粗蛋白20克、粗脂肪8～10克、粗纤维59～67克、无氮浸出物41～114克，其维生素含量也很丰富，其中含胡萝卜素11毫克、烟酸10.4毫克、维生素C 75.7毫克，同时还含有钙、铜、钴、锰、锌、铁等矿物质元素。此外，青绿植物在青贮过程中，由于微生物的作用还可使原本粗硬的秸秆如玉米秸和高粱秸以及某些野草的茎秆变软。同时，还可以增加青贮原料中维生素等营养成分，增加某些饲草的适口性，并降低有些饲草中的有害成分的含量和毒性，从而提高了整个饲料的营养价值。

（三）多汁且适口性好

青贮饲料一般含水量在70%左右，而干草的含水量仅有

15%左右。经过青贮，不仅使得青绿植物的茎秆变得柔软，而且使青贮饲料具有酸香味，柔软多汁，增强其适口性，刺激肉羊的食欲，并刺激消化液分泌和胃肠的蠕动，提高青绿植物的消化率。因而青贮饲料是肉羊在冬春枯草季节良好的多汁饲料。

（四）消化率高

青贮饲料中不仅含有丰富的蛋白质、维生素、矿物质，而且鲜嫩多汁，含纤维素少，适口性强，易于咀嚼。以青贮饲料为主体的日粮饲喂肉羊，可以显著地提高其饲料的消化率，从而提高了日粮中总营养物质的消化率。因青贮饲料在羊胃内停留时间短，可减轻对羊前胃的压力，从而强化了肠道对饲料的消化能力。

（五）原料来源广

除了一些优良的牧草可以进行青贮外，一些肉羊平时不愿意采食或不能采食的野草、野菜、树叶等无毒的青绿植物，均可以采用青贮的方法变成肉羊良好的饲料。如马铃薯茎叶等具有特殊的气味，肉羊不喜欢采食，当青贮后，可变成酒糟味，其适口性也大大地增强。

（六）经济实用

大力推广青贮饲料，是发展肉羊生产的重要技术措施。青绿植物和秸秆等经过青贮后，不仅能够很好地为养殖肉羊保存饲草，而且青贮饲料不怕火烧、雨淋、虫食和鼠咬，方便实用。经过一次贮存可以多年不坏，其贮存空间小，安全方便。

当然，制作青贮饲料需要有一定的设备，如青贮窖、塑料袋和加工机械，与田间晒制青干草和贮存青干草相比较，需要的成本相对较高，而且青贮饲料中的维生素 D 含量比晒干草要低得多。

二、青贮饲料的基本原理和发酵过程

(一) 青贮饲料的基本原理

青贮饲料的基本原理是在密封的条件下，利用微生物的发酵作用，达到长期保存青绿饲料营养成分的一种方法。即将新鲜的植物紧实地堆积在密封的容器中，通过微生物（主要是乳酸菌）的厌氧发酵，使其原料中所含的糖分转化为有机酸（主要是乳酸），当乳酸在青贮原料中积累到一定浓度（0.65% ~ 1.30%）时，就能抑制其他微生物活动，并制止原料中的养分被微生物分解破坏，从而使其得到很好的保存。当青贮原料 pH 值达到 3.8 ~ 4.4 时，乳酸菌也停止了活动，这就意味着发酵的结束。由于青贮原料是在密封且微生物停止活动的条件下贮存的，因此，可以长期保存而不变质。用不同方法贮存饲草时干物质、蛋白质和胡萝卜素的变化可见表 4-1。

表 4-1　不同方法贮存饲草时其营养物质含量的变化　　　　%

贮存方式	干物质含量	蛋白质含量	胡萝卜素含量
刈割当时	100	100	100
青贮	84	84	28
棚内风干	81	76	7.5
田间晒制	75	69	3.0

(二) 青贮饲料的发酵过程

(1) 预备发酵期。切短的青贮原料在青贮容器内经过压实后，其植物的细胞仍然在继续进行呼吸。与此同时，附着在原料上的各种好氧性和厌氧性的微生物开始大量繁殖，其中包括各种腐败菌、酵母菌、肠道细菌和霉菌，而以大肠杆菌和产气杆菌占优势。随着植物呼吸作用的进行，以及各种酶的活动和微生物的发酵作用，经过 4 ~ 5 小时后，残存的氧气很快耗尽，形成厌氧环境，而产生大量的二氧化碳、氮和醇，同时，还产生一些有机酸如醋酸、琥珀酸和乳酸等，使得饲料变成了酸性。这样，就逐渐造成了不利于腐败菌和丁酸菌等微生物继续生长繁殖的条件，同时变成了有利于乳酸菌生长繁殖的环境。

在预备发酵期，植物细胞利用青贮饲料间的残存空气进行呼吸，主要是碳水化合物的氧化过程，产生二氧化碳和水。预备发酵期的时间长短，与原料的化学成分和填充的紧密程度有着密切的关系。一般含蛋白质高的牧草需要的时间较长，填充松软的比填充紧密的所需要的时间长。总体来说，预备发酵期的时间较短，一般在青贮后两天左右即可完成。

（2）酸化成熟期。乳酸菌在青贮的头 1~2 天，其数量增长很快，往往在每毫升的汁液中从几亿增加到几十亿，由于乳酸菌的增多，产生了大量的乳酸，使饲草得以进一步酸化成熟，当 pH 值下降到 4.5 以下时，乳酸菌的活动也逐渐缓慢下来，青贮料便进入了完全保存期。

（3）完成保存期。当乳酸菌产生的乳酸达到一定的浓度后，反过来对乳酸菌起到了抑制作用。当 pH 值下降到 4.0~4.2 时，青贮饲料中的乳酸菌数量也越来越少，使得青贮饲料在厌氧环境和酸性环境下成熟，并得以长期保存。此过程约需要 1 个月时间。

三、影响青贮饲料质量的主要因素

从上述青贮原理和发酵过程中可见，制作青贮饲料的主要环节是利用乳酸菌在厌氧的环境下发酵，将糖分转变成乳酸并以乳酸作为一种防腐剂来长期保存饲料。因此，搞好青贮饲料的关键是为乳酸菌的繁殖创造条件。具体制作青贮饲料时应注意以下几个主要因素。

（一）青贮原料应有一定的含糖量

乳酸菌在厌氧的环境下发酵，其乳酸菌主要是依靠饲料中的糖分进行繁殖和产酸的，如果青贮原料中没有充足的糖分，就会使乳酸菌的数量下降，产酸量降低。因此，制作青贮饲料时，选择适宜制作青贮的原料非常重要，一般要求青贮原料的含糖量不得低于其原料鲜重的 1.0%~1.5%。只有当含糖量达到此浓度时，才能使青贮原料在青贮过程中乳酸菌增多，形成大量的乳酸，并使 pH 值下降到 4.2 左右。当原料中含糖量大于最低需要含糖量时，则饲料易于青贮，如玉米茎叶、块根、块茎等含糖量较多的作物则是青贮的好原料，尤其是在乳熟期至蜡熟期的带棒玉米最为理想。容易青贮的饲料原料还有高粱秸秆、饲用甘蓝、菊芋等；当原料中含糖量低于最低需要含糖量时，乳酸菌的繁殖缓慢，则不易青贮且易于发生腐败，如含糖量较低的苜蓿、红三叶、白三叶、草木樨等豆科牧草，如用豆科牧草作为青贮原料时，则最好是在盛花期收获，按 1:2 的比例掺入禾本科牧草或青玉米秸秆进行青贮为宜。

（二）青贮原料的含水量应适中

适宜于青贮原料中乳酸菌活动的水分为 65%~75%，原料中的水分过多或过少均不利于青贮。如原料中水分过少，不仅青贮时不易压实，空气不易排出，而且植物体内的糖分也不易渗出来，则不利于厌氧的乳酸菌繁殖，相反则有利于好氧杂菌的繁殖条件，植物的饥饿代谢时间延长，其中有害微生物的活动不易被抑制，其结果会产生大量的热，形成"热青贮料"；如原料中水分过多，青贮原料中的汁液会受压流失，渗到窖底，并使饲料黏结成块，且使饲料酸度过大，形成"酸青贮料"。在生产实践中，对水分过大的原料，可采取适当地添加含水分少的原料如半青干草、麦麸、草糠等，对水分过小的原料，可采取适当地添加含水分大的原料如鲜青草类。同时青贮原料水分的把握还应视原料的质地而具体掌握，如玉米秸、高粱秸等质地粗硬且不易压实的原料，其水分的含量应适当地高一些，而质地相对柔软的原料如薯蔓、树叶、天然牧草等的水分的含量则应适当地低一些。

（三）青贮饲料的贮存密度应适当

青贮饲料的原料水分含量较低时，其贮存的密度应适当地高些，如水分含量较高时，其贮存密度不宜太大，以免因发酵汁过多而造成青贮原料中营养物质的损失。如含水量为80%的玉米秸，当每立方米分别贮存500千克、600千克、700千克和800千克时，青贮饲料中干物质的含糖量依次为2.6%、4.7%、1.0%和0.5%，有机酸的含量依次为13.0%、16.6%、18.5%和16.2%，有机酸中的乳酸含量相应为3.0%、4.9%、6.0%和9.4%，其干物质的损耗则依次为2.7%、2.6%、3.1%和3.6%。

（四）青贮饲料时环境气温应适宜

青贮饲料时的适宜环境气温为26~37°C，其气温适宜，乳酸菌的生长和繁殖就会很快占据主导地位，抑制其他一些杂菌的活动繁殖，如气温过低或过高，则均不利于乳酸菌的生长和繁殖，从而影响到青贮饲料的品质。因此，在制作青贮饲料时，应注意选择适宜的季节和天气。

（五）青贮饲料的内环境应高度厌氧

乳酸菌是厌氧性细菌，如果青贮原料内有较多的空气时，就会影响到乳酸菌的生长和繁殖，反而会使腐败菌等有害微生物活跃起来，其青贮原料就会变质。因此，青贮原料应切短、压实，并密封好，并尽可能给内环境创造高度厌氧的条件。

（六）青贮过程应尽快进行

切短的青贮原料应及时装窖，如原料堆放时间过长，就会导致其大量产热，既损失原料中的养分，又影响青贮饲料的质量，同时如果拖延青贮饲料的封窖，对表层饲料也有不良影响，其密封后的下层饲料也会变质，发生蛋白质腐败分解及糖分氧化，导致温度上升，使细菌群落发生改变。因此，青贮饲料时，必须尽可能缩短原料的装窖时间，并在装窖的过程中逐层踩紧压实，排出空气，封严四周，防止透气，尽可能创造厌氧环境，促进乳酸菌迅速繁殖和有机酸的积累，抑制好氧性微生物的活动，缩短预备发酵期，使青贮原料尽快成熟酸化。

（七）保障饲料青贮的安全

饲料在青贮发酵过程中，会产生大量的二氧化碳，特别是某些青贮作物在生长期施用了大量的氮肥，其植物内含氮量增高，导致其中的硝酸盐含量增高，在一定的条件下，原料中的硝酸盐转变成氧化氮和二氧化碳，其氧化氮和二氧化碳呈黄色，毒性极大，一般在填装原料的头两天，青贮窖内开始产生这些有害气体，随后逐渐下降，如有不慎可能危及人和动物的生命。因此，为了保障操作人员安全，青贮原料装窖后的 7 天内，除非用鼓风机彻底排出气体，否则人和动物随意进入青贮塔或青贮窖内均会有中毒的危险。

四、青贮饲料的青贮设备

目前我国一般多采用青贮壕、青贮窖，也可采用塑料薄膜在地面上青贮。其青贮窖的窖型有地下式、半地下式和地上式多种。半地下式窖一般地下部分 0.5 米，地上部分 1.5 米。近年来，也有养殖场（户）将青贮原料堆放在水泥地面上，并堆成长方块的面包形，用双层塑料薄膜覆盖，封严四周，防止透气，尽可能创造厌氧环境，也取得了良好的青贮效果。因此，无论采用哪一种青贮方式，均要符合下列要求。

（1）地势高燥，土质坚实，窖底离地下水位在 0.5 米以上。

（2）窖的形状以长方形为最佳，要求窖壁光滑，窖口上大下小，且适当倾斜，四周应呈圆弧形，窖底平坦。

（3）建筑材料最好选择砖混结构，如果暂不具备条件时，也可选择土窖并在底部和四周铺垫塑料薄膜，尽可能避免青贮原料与土墙壁的接触。

五、青贮饲料的调制方法

（一）清理青贮设施

青贮设施在使用之前，应进行彻底的清理并晒干。

（二）青贮原料的选择

常见的青贮原料主要有玉米全株青贮（或甜高粱青贮）、玉米秸秆青贮、牧草青贮、混合饲草青贮和半干草青贮等。饲草适时收割是保证青贮原料质量最主要的因素之一，因此，选择饲草的适时收割时间，不仅要考虑饲草单位面积营养物质收获量的多少，而且要考虑饲草中的糖分和水分是否适宜于青贮。一般玉米全株青贮应在蜡熟期收割，禾本科牧草应在抽穗期收割，豆科牧草应在开花初期收割。其收割好的原料应及时运送到青贮现场予以青贮。

（三）青贮原料的切短

青贮原料在青贮前均应切短，一般肉羊用青贮原料应切短为 3~5 厘米，以利于青贮时的压实和青贮后肉羊的采食利用。

（四）调整青贮原料的含水量

一般测定青贮原料水分含量的简易方法是用手捏青贮原料，以指间水湿不滴水为宜。若青贮原料含水量过高，可适当地晾晒；若青贮原料含水量过低，可适当地加水后青贮。

（五）装窖

装窖前，应先在窖底铺垫 10 厘米左右厚的麦秸（如为土窖应铺垫塑料薄膜），原料在装窖时，应边装窖边压实，一般每装 10~20 厘米压实一次，在压实时，特别要注意压实窖的边缘和四周。如较大的青贮窖还可使用机械（如拖拉机）碾压。装窖时要保持青贮原料清洁，防止混进泥沙。

（六）封窖

当青贮原料装填到高出窖面 1 米左右后，可在上面盖上塑料薄膜或 15~30 厘米厚的麦秸，压紧，然后在上面压一层厚 30 厘米左右的湿土。经过发酵，当青贮原料下沉后，应随时用湿土填平。为了防止雨水浸入，青贮窖的周围应挖好排水沟。

六、常见的青贮饲料种类

（一）玉米青贮饲料

玉米青贮饲料是指种植专用青贮玉米品种，在其蜡熟期收割，将其茎、叶、果穗一起切短调制的青贮饲料。这种青贮饲料营养价值高，每千克相当于 0.4 千克左右的优质干草，是目前世界上广泛采用的青贮饲料。其特点是：产量高，一般每公顷产量可达到 50 000～60 000 千克，少数高产地块甚至可达到 80 000～100 000 千克，特别是北方地区，一般玉米青贮饲料的产量要高于其他作物；营养较丰富可用于冬春季节补充肉羊青贮饲料的不足；适口性好，青贮玉米饲料含糖量高，制成的优质青贮饲料具有酸甜清香味，且酸度适中（pH 值 4.2 左右），肉羊经过一段时间的采食习惯后，很喜爱采食。

（二）玉米秸秆青贮饲料

收获玉米籽实后，用玉米秸秆青贮，由于其玉米秸秆的水分损失达 20%～30%，因此这类玉米秸秆在制作青贮饲料时，需要适当地添加水分或其他青绿植物，使其含水量达到 70% 左右才能保证青贮质量。在生产实践中，为了保证收获籽实后的玉米秸秆的青贮质量，玉米籽实收获后应尽可能及早青贮，且以玉米秸秆越绿越好，其叶片越多越好。在我国的华北、华中农作物一年两熟的地区，夏玉米收获后，其叶片仍然保持青绿，茎、叶水分含量较高，是制作肉羊青贮饲料较好的原料。

（三）牧草青贮

一些多年生牧草如苜蓿、草木樨、沙打旺、红三叶、白三叶、多年生黑麦草、鸭茅、苇状羊茅等，不仅可以制作青干草，而且可以制作成青贮饲料。如将牧草制作成青贮饲料，既可以减少牧草中营养成分的损失，又可以节省调制青干草的费用，可一举多得。而在生产中用牧草青贮时，则应注意以下技术环节。

（1）应根据牧草茎秆的柔软程度决定其切短长度。一般禾本科牧草和一些豆科牧草（如苜蓿、红三叶、白三叶等）的茎秆较柔软，可切短为3~5厘米长。沙打旺、红豆草等茎秆较粗硬的牧草，应切短为1~2厘米长。

（2）豆科牧草不宜单独青贮。一般豆科牧草中粗蛋白含量较高，糖分含量较低，满足不了发酵过程中乳酸菌对糖分的需要。为了增加青贮豆科牧草中的糖分含量，可采用豆科牧草与禾本科牧草或饲料作物进行混合青贮，如添加1/4~1/3的青割玉米、苏丹草、甜高粱等，切短后一并与豆科牧草充分混合后青贮，其青贮效果较好。如果当地有制糖厂的副产品如甜菜渣（要求新鲜）、糖蜜、甘蔗上梢和甘蔗叶片等，也可以混合在豆科牧草中，进行混合青贮。

（3）禾本科牧草应与豆科牧草混合青贮。禾本科牧草有些水分含量稍低（如披碱草、老芒麦），糖分含量稍高，而豆科牧草水分含量稍高（如苜蓿、红兰叶、白三叶），两者进行混合青贮，其优劣可以互补，且营养又能平衡，所以，在建立人工草地时，就应考虑种植混播牧草，以便于收割和青贮。

（四）藤蔓和叶菜类青贮

这类青贮原料主要有红薯蔓、花生蔓、甜菜叶、甘蓝叶、白菜等，除花生蔓含水量较低外，其他几种原料的含水量均较高。因此，在制作青贮饲料时，应先晾晒，再与其他低水分的原料或粉碎的干饲料实行混合青贮。

（五）混合青贮

所谓混合青贮是指由两种或两种以上的青贮原料混合在一起制作的青贮饲料。这类青贮饲料除了禾本科牧草与豆科牧草混合、高水分饲料与干饲料混合青贮外，还有糖渣饲料与干饲料混合青贮。其混合青贮的优点是有利于乳酸菌的繁殖生长，青贮饲料营养丰富，且质量高。

（六）野草、树叶青贮

一般在 8 月下旬或 9 月上旬收割野草时，可将各种野草（无毒，且处于抽穗前）进行混合收割并混合装窖，这种以各种野草混合青贮的饲料其营养价值比单一种类的青贮营养更丰富。树叶青贮应乘其保持青绿时进行青贮。

七、青贮饲料的有效利用

（一）开窖使用时间不宜过早

青贮饲料应青贮 40 ~ 60 天后，待饲料发酵成熟、产生足够的乳酸，且具备抗有害细菌和霉菌的能力后，才能开启利用。

（二）开窖应分段取用

开窖时，应从一端开始，首先揭去上面覆盖的土、草、塑料薄膜和霉变的饲料层，再由上而下垂直取用。每次取用后，应及时用塑料薄膜覆盖取用的部位。

（三）肉羊初期饲喂青贮饲料不宜过多

用青贮饲料饲喂肉羊，初期可混拌于其他饲料中一起饲喂，经过一段时间的饲喂后再逐渐增加其饲喂量，一般成年羊的日饲喂量为 1~2 千克，并应分次饲喂。由于青贮饲料中含有大量的有机酸，具有轻泻的作用，因此，患有肠炎、腹泻的羊和怀孕后期的母羊应少喂或停喂，尤其是产前半个月内的怀孕母羊更应停喂。肉羊在饲喂青贮饲料时，最好在饲喂肉羊的精饲料中添加 1% ~ 2% 碳酸氢钠，以防止羊发生酸中毒。羔羊因瘤胃功能不健全，应少喂或慎喂。如果青贮饲料中酸度过大，可用 5% ~ 10% 的石灰乳加以中和。

（四）严禁给肉羊饲喂霉变青贮饲料

如果肉羊在饲喂青贮饲料后出现腹泻现象，应立即停喂青贮饲料并查找原因，如果发现青贮饲料发生霉变，应坚决弃之不用。

（五）严防青贮饲料二次发酵

青贮饲料二次发酵又称为好氧性腐败。一般是在温暖季节开启青贮窖后，由于空气随之进入，好氧性微生物开始大量繁殖，青贮饲料中养分遭到大量损失而出现好氧性腐败，产生大量的热。为了避免青贮饲料发生二次发酵，应采取以下技术措施。

（1）适时收割青贮原料。用作青贮饲料的原料最好在降霜前收割，收割后立即下窖贮存，如果原料在降霜后青贮，则乳酸菌的发酵就会受到抑制，即会导致青贮饲料中的总酸量减少，青贮饲料开窖后就易发生二次发酵。

（2）计算好青贮饲料的日需要量。养殖场（户）应针对肉羊的饲养数量，计算好青贮饲料的日需要量，并合理地安排其青贮饲料的日取出量。同时，在建青贮设施时，可用塑料薄膜将青贮窖分隔成若干个小区，并实行分区取料，以避免其他小区的青贮饲料发生二次发酵。

第六节　能量饲料及其籽实饲料的加工调制

凡每千克饲料的干物质中含消化能 10.46 兆焦以上，或蛋白质含量低于 20%、粗纤维含量低于 18% 的饲料均属于此类饲料。主要包括谷物籽实类饲料和糠麸类饲料。能量饲料具有容易消化吸收、适口性好、粗纤维含量低且能量含量高、蛋白质含量适中、易于保存等特点，是肉羊热能的主要来源之一。能量饲料一般在肉羊精饲料中占 60%~80%，而在夏秋季节饲喂肉羊时，其能量饲料的配合比例可以适当地低一些，在冬春季节饲喂肉羊时，则配合比例可以适当地高一些。

一、谷物籽实类饲料

（一）玉米

玉米是禾本科谷物籽实类饲料中淀粉含量最高的饲料，其70%左右为无氮浸出物，几乎全是淀粉，粗纤维含量极低。用玉米饲喂肉羊容易消化，其有机物的消化率达到 90% 左右。但玉米的缺点是蛋白质含量低，而且主要由生物学价值较低的玉米蛋白和谷蛋白组成，其胡萝卜素含量较低。所以，用玉米饲喂肉羊时，最好应搭配豆饼等其他蛋白质含量较高的饲料，并适当地补充钙质。如给肉羊过量地饲喂玉米，则可能引起羊瘤胃酸中毒。

（二）大麦

大麦是重要的谷物籽实类饲料之一，全世界的总产量仅次于小麦、大米和玉米，而居于谷物籽实类饲料的第四位。大麦粒（脱壳）含水分 11%、粗蛋白 11%、粗脂肪 12%、粗纤维 6%、粗灰分 3%。大麦中的蛋白质含量高于玉米，且大部分氨基酸（除蛋氨酸、甲硫氨酸外）均高于玉米，但利用率比玉米低。由于大麦的外皮中含有一定量的单宁，因此具有酸涩味。大麦中的热能含量不及玉米，而且非淀粉多聚糖（NSP）总量达 16.7% 左右（其中水溶性多聚糖为 4.5% 左右），由于水溶性多聚糖具有黏性，可减缓羊消化道中消化酶及其底物的扩散速度，并阻止其相互作用，降低底物的消化率，同时也阻碍可消化养分接近小肠黏膜表面，影响其吸收。因此，大麦用作肉羊的饲料时，以不超过日粮总量的 20% 为宜，而且应与其他谷物籽实类饲料合理搭配使用。

（三）小麦

小麦的营养价值与玉米相似，全粒中粗蛋白含量为 14% 左右，最高可达到 16%，粗纤维含量为 1.9%，无氮浸出物含量为 67.6%。小麦中虽然也含有 11.4% 的多聚糖，水溶性多聚糖为 2.4%，但其黏度低于大麦。因此压扁的小麦可代替肉羊精饲料中 50% 以上的玉米。

（四）高粱

高粱亦属于禾本科类植物籽实，高粱和玉米间有很高的替代性，高粱籽实所含养分以淀粉为主，占 65.9%~77.4%，蛋白质含量 8.4% ~ 14.5%，略高于玉米，粗脂肪含量较低，为 2.4% ~ 5.5%。与谷物籽实类饲料相比较，高粱的营养价值较低，其主要表现在蛋白质含量较低，赖氨酸含量一般只有 2.18% 左右。高粱因含有带苦味的单宁，使得蛋白质及其氨基酸的利用率受到了一定的影响，但不同高粱品种的单宁含量有明显的差异，一般白色杂交高粱的颖壳和籽实易于分离，单宁含量较低，其质量明显优于褐色高粱。褐色高粱的单宁含量高达 1.34% 左右，是白色杂交高粱的 23 倍左右，而且颖壳和籽实包得很紧，味苦，适口性差，饲喂肉羊后容易引起便秘，因此，褐色高粱很少用于饲喂肉羊。

（五）燕麦

燕麦的营养价值低于玉米，虽然燕麦中的蛋白质含量较高（9% ~ 11%），且富含 B 族维生素，但其燕麦中的粗纤维含量高达 13% 左右，能量含量较低，脂溶性维生素和矿物质含量也较少。因此，燕麦用作肉羊的饲料时，则以不超过日粮总量的 20% 为宜，而且应与其他谷物籽实类饲料合理搭配使用。

二、糠麸类饲料

（一）麸皮

麸皮通常是指小麦麸。小麦麸的营养价值是随小麦出粉率的高低而变化的，平均含粗蛋白 15.7%、粗纤维 8.9%、粗脂肪 3.9%、总磷 0.92%。麸皮质地疏松，容积大，具有轻泻作用，是母羊产前和产后的优良饲料。

（二）米糠

米糠通常是指大米糠。米糠中粗蛋白含量为 12.8%、粗脂肪 16.5%、粗纤维 5.7%，是一种蛋白质含量较高的能量饲料。但米糠中蛋白质品质较差，除赖氨酸外，其他必需氨基酸含量均较低。米糠中磷多钙少，且其植物磷占其总磷的 80% 以上，米糠中不饱和脂肪酸含量较高，易于氧化变质，不易于长期贮存。

（三）玉米糠

玉米糠通常是指玉米皮，是玉米制粉过程中的副产品，主要包括玉米的外皮、胚、种脐和少量的胚乳。玉米糠中的粗蛋白含量为9.9%、粗纤维9.5%，磷多（0.48%）钙少（0.08%）。玉米糠质地蓬松，吸水性强，如肉羊干喂后饮水不足，则容易引起羊便秘，因此，用玉米糠饲喂肉羊时应加水湿拌。一般肉羊配合饲料中的推荐用量以10%~15%为宜。

三、籽实饲料的加工调制

（一）粉碎

籽实饲料虽然可以直接饲喂肉羊，但直接饲喂其消化率低，特别是籽实饲料的外皮，羊则更不易消化，如给羊直接饲喂则会导致籽实饲料的极大浪费。而籽实饲料经过粉碎后，不仅有利于羊的咀嚼，而且籽实饲料经过粉碎后其表面积可大大地增大，有利于与消化液的接触，从而提高了羊对籽实饲料的消化率，但饲喂肉羊的籽实饲料也不可粉碎得过细，如籽实饲料粉碎得过细，反而会导致羊咀嚼不充分，唾液混合不均匀，同时还会影响羊的反刍，从而会影响饲料的消化率，严重时，还会导致羊发生瘤胃迟缓或真胃迟缓。如用小麦和大麦籽实给肉羊饲喂时，则以压扁后饲喂为宜。

（二）蒸煮和焙炒

豆科类籽实饲料粗蛋白含量丰富，但其含有胰蛋白酶抑制素，可抑制动物对豆科类籽实饲料中蛋白质的消化和利用，对豆科类籽实饲料进行蒸煮和焙炒后，可破坏其胰蛋白酶抑制素的作用，提高豆科类籽实饲料的消化率和适口性；禾本科类籽实饲料淀粉含量较多，对禾本科类籽实饲料进行蒸煮和焙炒后，可使禾本科类籽实饲料中的部分淀粉糖化，并转变成糊精，且产生香味，有利于肉羊的消化。

（三）发芽

籽实饲料经发芽后，可作为肉羊的维生素补充饲料，在生产实践中运用最广泛的是以大麦等禾本科类籽实为原料而制作的发芽饲料。其发芽饲料的制作方法如下。

先将籽实饲料用 15°C 左右的温水或冷水浸泡 12～24 小时，待幼芽即将突破种皮时，将其捞出摊放在木盘或细筛内，厚 3～5 厘米，上面覆盖湿润的麻袋或草席，并经常喷洒清水以保持湿润，其发芽饲料的制作时间常因发芽时的室温高低和发芽饲料的生长快慢而决定，如在 20～25°C 的室温条件下，一般经过 5～8 天即可制作成羊用发芽饲料。若养殖场（户）因养殖肉羊需要制作大量的发芽饲料，可使用制作发芽饲料的专用木盘和木架，以利于提高制作籽实发芽饲料的生产效率。

（四）制作颗粒饲料

颗粒饲料是根据肉羊的营养需要，按照一定的饲料配比搭配，并将其原料进行粉碎后，经过充分混合均匀，再经过压缩机加工而成。颗粒饲料也是肉羊的一种全价配合饲料，不仅具有饲喂方便、适口性好、营养全面、可减少饲料浪费等优点，而且羊采食后，咀嚼时间长，有利于消化吸收。颗粒饲料可以直接饲喂肉羊，尤其适合于饲喂羔羊。

第七节　蛋白质饲料

凡饲料干物质中粗蛋白含量在 20% 以上、粗纤维含量小于18% 的饲料均属于此类饲料。主要包括植物性蛋白质饲料和动物性蛋白质饲料两大类。在草食动物饲养中，可用非蛋白质含氮饲料代替一部分蛋白质饲料。

一、植物性蛋白质饲料

（一）豆科类籽实及其副产品

包括大豆、蚕豆、豌豆及其豆渣、豆浆等豆科籽实类副产品。豆科类籽实中粗蛋白质含量丰富，一般占干物质的 20% ~ 40%；必需氨基酸如赖氨酸含量较高，因而蛋白质品质较好。大豆含能量较高，每千克含消化能 16.74 兆焦以上。大豆因富含具有完全价值的蛋白质，因而成为肉羊理想的植物性蛋白质饲料。但因豆科类籽实中含有胰蛋白酶抑制素，可抑制动物对豆科类籽实中的蛋白质的消化和利用，因此，用豆科类籽实及其副产品饲喂肉羊时，应事先进行加热处理后熟喂，这样不仅可以破坏其胰蛋白酶抑制素，而且能增强其适口性，提高肉羊对其所含蛋白质的消化率和利用率。

（二）油饼类饲料

包括大豆饼、花生饼、菜籽饼和棉籽饼等。油饼类饲料的营养价值很高，粗蛋白含量达 31% ~ 40.8%，氨基酸组成也较完全，其粗蛋白的消化率和利用率均较高。

（1）大豆饼。油饼类饲料中数量最多的一类饲料，一般粗蛋白含量在 40% 以上，其中必需氨基酸的含量很高，是生物学价值最高的一种植物性蛋白质饲料。

（2）花生饼。营养价值较高，粗蛋白含量可达 44% ~ 47%。与大豆饼相比较，花生饼中的精氨酸含量较高，但其他必需氨基酸（特别是赖氨酸）缺乏，同时因其花生皮中的单宁含量较高，肉羊对花生饼的消化率较低，且花生饼易感染黄曲霉菌，导致花生饼较难以贮存。

（3）棉籽饼。粗蛋白含量仅次于大豆饼，蛋氨酸、色氨酸含量高于大豆饼，但缺乏赖氨酸、钙、维生素 A 和维生素 D，且棉籽饼中还含有棉酚等有毒物质。

（4）菜籽饼。蛋白质含量为 34% ~ 38%，可消化蛋白占

27.8%，赖氨酸含量丰富，烟酸含量也高于其他油饼类饲料。但菜籽饼中含有芥子苷等有毒物质。

在各类油饼类饲料中，花生饼可以单独饲喂肉羊，但要注意防止霉变；大豆饼用水浸泡后与其他青饲料、精饲料搭配饲喂肉羊，其饲喂效果甚好。用棉籽饼和菜籽饼饲喂肉羊时应事先进行脱毒处理，一般棉籽饼的脱毒方法是以煮沸法效果较好；菜籽饼的脱毒方法较多，一般养殖户可用坑埋法，但最好是使用生物脱毒法脱毒。棉籽饼和菜籽饼在饲喂肉羊的饲料中以配合用量不超过8%为宜。

二、动物性蛋白质饲料

主要指乳和乳品加工业的副产品、禽产品、渔业加工副产品和养蚕业副产品等。如牛乳、鸡蛋、蚕蛹等。动物性蛋白质饲料中的蛋白质含量很高，一般占干物质的50%~85%，且粗蛋白质的品质好，所含必需氨基酸齐全，生物学价值高，消化率高；钙、磷比例适当，能被动物充分消化利用；富含B族维生素，特别是维生素B_{12}含量较高。

其动物性蛋白质饲料宜作为配种期公羊、泌乳母羊、生长期羔羊以及弱羔、病羔的蛋白质补充饲料。在饲喂时，应合理控制其用量，一般以占日粮的10%左右为宜，而且应注意防止动物性蛋白质饲料的霉变。

三、非蛋白质含氮饲料

尿素、双缩脲及某些铵盐均是目前广泛应用的非蛋白质含氮饲料，它们是简单的纯化学物质，对肉羊没有能量的营养效应。由于肉羊瘤胃中的微生物能有效地利用非蛋白氮合成易被消化吸收的菌体蛋白质，所以，非蛋白质含氮饲料对肉羊具有较高的营养价值。如1千克尿素加上6千克玉米，在瘤胃微生物的作用下，可产生相当于7千克左右豆粕的蛋白质营养。

非蛋白氮具有价格低、含氮量高、来源广的特点，既可混合于精饲料中（除氨水以外），也可与青贮饲料、干草混合后给肉羊饲喂，但使用量不可过大，一般成年羊每天可饲喂尿素10~15克。在给肉羊饲喂时，可将尿素均匀地混合在精饲料或切短的秸秆、干草中，但不可与含油脂较高的豆饼等混合饲喂，且在饲喂后不宜立即饮水，每天应将饲喂的尿素分2~3次喂给，严禁将尿素集中一次性给肉羊饲喂，避免给羊一次性饲喂尿素过多，造成尿素在羊的瘤胃中的浓度过大，分解氨过多而引起氨中毒。肉羊在饲喂添加有尿素的饲料时，其饲喂量应由少到多逐渐增加，以增强其瘤胃内微生物的适应能力和合成作用，一般肉羊在饲喂添加含有尿素饲料的适应时间以6~8周为宜。如将尿素添加在青贮饲料中，可提高青贮饲料中的蛋白质水平，一般每1 000千克青贮饲料的原料中添加尿素5~6千克，即先将溶于水中的尿素均匀地喷洒在青贮饲料的原料中，然后再装窖青贮即可。如果将尿素与糊化了的淀粉制作成颗粒饲料，则饲喂肉羊的效果更好。

而长期饲喂非蛋白氮的肉羊会影响其羊肉的风味，因此，育肥肉羊在屠宰前1个月左右应停止饲喂含有尿素的饲料。

第八节　矿物质饲料

肉羊常用的矿物质饲料主要有食盐、贝壳粉、蛋壳粉、石粉和磷酸氢钙等。这类饲料不含蛋白质和能量，只含有矿物质。具有刺激肉羊食欲、提高饲料适口性、补充钙和其他矿物质元素的作用。

对任何一只羊来讲，食盐是最需要补充的矿物质饲料，一般一只成年羊日需要食盐5~10克，但各种饲料原料的含盐量（主要是钠）均较少，尤其是牧草中的含钠量则更少，远远不能满足羊体生长发育的需要，因此，在饲喂肉羊时，必须给肉羊补充食盐，在一些高原的缺碘地区和北方地区养羊，最好应给肉羊补充硒碘盐。肉羊补盐的方法多种多样，常见的有饮水补盐、饲料补盐、自由啖盐和盐砖补盐等。

一、饮水补盐

一般在肉羊的每千克饮水中加入食盐 0.5~1 克，并经溶解和搅拌均匀后让羊自由饮用。在春末和夏初，牧草幼嫩、水分含量较高，钠含量较低，而且羊的饮水量不大，可将肉羊饮水中的食盐添加量调整为每千克饮水中加入食盐 1 克左右；而在肉羊精饲料日饲喂量较大或粗饲料以青干草为主的舍饲条件下，则可将肉羊饮水中的食盐添加量调整为每千克饮水中加入食盐 0.5 克左右。

二、饲料补盐

为了给肉羊补盐，通常可在补喂肉羊的配合饲料中加入 1%~2% 的食盐。而补喂肉羊饲料中的食盐添加量则取决于配合饲料的日饲喂量、饮水量和日粮组成。一般成年羊饲料中补盐的添加量应控制在 0.5% 左右，羔羊应控制在 1% 左右。

三、自由啖盐

即将食盐单独放在专用盐槽内让肉羊自由舔食，即为所谓的"啖盐"。

四、盐砖补盐

盐砖是以食盐为载体，添加钙、磷、碘、铜、锌、铁、硒等元素，经过一定的加工而成。使用时可将其吊挂在羊舍或运动场内，任羊自由舔食。

第九节　维生素补充饲料和饲料添加剂

一、维生素补充饲料

维生素主要存在于青绿饲料中。在冬春季节，青饲料缺乏时，维生素不足，则严重影响肉羊的生长发育。胡萝卜、优质牧草、树叶和发芽饲料均含有大量的胡萝卜素和维生素 E，可用作种公羊、泌乳母羊以及羔羊的维生素补充饲料，其饲喂效果很好。一般每只羊的日喂量以 0.5~1 千克为宜。

二、饲料添加剂

通常为了满足肉羊的营养需要，完善其日粮的全价性，或者为了达到促进肉羊的生长发育、防止肉羊的某些疾病、减少肉羊的饲料在贮存期间的营养物质损失、改善肉品品质的目的，在肉羊的日粮中添加一些矿物质、维生素、生长促进剂或抗氧化剂等微量物质，这些添加的物质即为饲料添加剂。

肉羊的饲料添加剂可分为两大类，一类是对肉羊具有营养性，这类饲料添加剂主要包括矿物质添加剂和维生素添加剂；另一类是非营养性，这类添加剂主要包括生长促进剂、驱虫保健剂、化学防腐剂和调味剂等。肉羊常用饲料添加剂主要有以下品种。

（一）莫能菌素

又称为瘤胃素、莫能菌素钠、孟宁素。莫能菌素的作用是控制和提高肉羊瘤胃的发酵效率，提高其增重速度和饲料转化率。一般莫能菌素在肉羊日粮中的添加量为 25~30 毫克。使用时应充分搅拌均匀，且给肉羊的饲喂量应由少到多逐渐增加到规定的剂量。据饲喂试验，在肉羊饲料中添加莫能菌素，其日增重可比对照组提高 16%~32%，饲料转化率提高 3%~19%。

（二）矿物质添加剂

矿物质添加剂是育肥肉羊不可缺少的营养物质。养殖场（户）除了在肉羊日粮中添加当地常用的饲料添加剂以外，还应在羊舍或运动场内吊挂盐砖，任羊自由舐食，以补充肉羊钙、磷、碘、铜、锌、铁、硒等元素。

（三）抗菌促生长剂

常用的肉羊抗菌促生长剂有喹乙醇、杆菌肽锌。肉羊饲料中添加抗菌促生长剂，能够选择性地抑制致病性大肠杆菌，而不影响肉羊体内正常的菌落群，同时抗菌促生长剂还能影响肉羊机体的代谢，促进蛋白质的同化作用，从而促进肉羊的生长。一般肉羊每千克日粮干物质中喹乙醇的添加量为 50~80 毫克，杆菌肽锌的添加量为 10~20 毫克。在给肉羊添加抗菌促生长剂时，应充分搅拌均匀，且给肉羊的饲喂量应由少到多逐渐增加到规定的剂量。据饲喂试验，在羔羊饲料中添加喹乙醇，其羔羊的日增重可比对照组提高 5%~10%，每千克增重可节省饲料 6%左右。

（四）饲料缓冲剂

常用的肉羊饲料缓冲剂有碳酸氢钠和氧化镁。一般在肉羊实施强度育肥时，往往是将肉羊日粮中的精饲料比例加大，粗饲料的饲喂量适当地减少，在这种饲喂方式的情况下，其机体代谢会产生过多的酸性物质，造成肉羊胃肠对饲料的消化能力减弱，如在实施强度育肥的肉羊饲料中添加饲料缓冲剂，则可增加其肉羊瘤胃中的碱性蓄积，使瘤胃环境更适合于微生物的生长繁殖，并能增加肉羊的食欲，从而提高饲料的消化利用率。在给肉羊添加饲料缓冲剂时，应将其均匀地搅拌于饲料中，且添加量应由少到多逐渐增加，以免突然增加饲喂量而造成肉羊的采食量下降。一般碳酸氢钠给肉羊的饲喂量为混合精饲料的 1.5%~2%，或占整个日粮干物质的 0.75%~1%；氧化镁给肉羊的饲喂量为混合精饲料的 0.75%~1%，或占整个日粮干物质的 0.3%~0.5%。据饲喂试验表明，在肉羊实施强度育肥时，用碳酸氢钠和氧化镁联合使用时则饲喂效果更好，其碳酸氢钠和氧化镁的饲喂比例以（2~3）∶1 为宜。

第五章　饲养管理

第一节　种公羊的饲养管理

种公羊饲养管理是否合理科学，对羊群的繁殖、生产水平的提高有直接的影响，生产中必须加强种公羊的饲养管理，保证羊只均衡的营养状况力求常年健壮，提高种公羊的利用价值，使生产正常进行。

一、营养特点

种公羊的营养应维持在较高的水平，以使其常年精力充沛，保持中等以上膘情；配种季节前后，应加强种公羊的营养，保持中上等体况，使其性欲旺盛，配种能力强，精液品质好，充分发挥作用。种公羊精液中含高质量的蛋白质，绝大部分直接来自于饲料，因此种公羊日粮中应有足量的蛋白质。另外，还要注意脂肪，维生素 A、维生素 E 及钙、磷等矿物质的补充。秋冬季节种公羊性欲比较旺盛，精液品质好；春夏季节种公羊性欲减弱，食欲逐渐增强，这个阶段应有意识地加强种公羊的饲养，使其体况恢复，精力充沛。配种期种公羊性欲强烈，食欲下降，很难补充身体消耗，只有尽早加强饲养，才能保证配种季节种公羊性欲旺盛，精液品质好，圆满完成配种任务。

二、饲料

（一）非配种期

种公羊非配种期的饲养以恢复和保持其良好的种用体况为

目的。配种结束后，种公羊的体况都有不同程度的下降。为使种公羊体况尽快恢复，在配种刚结束的 1~2 个月，种公羊的日粮应与配种期基本一致，但对日粮的组成可作适当调整，加大优质青干草或青绿多汁饲料的比例，并根据体况的恢复情况，逐渐转为饲喂非配种期的日粮。

绵羊、山羊品种的繁殖季节大多集中在 9—11 月，非配种期较长。在冬季，种公羊的饲养保持较高的营养水平，既有利于其体况恢复，又能保证其安全越冬度春。要做到精粗饲料合理搭配，补喂适量青绿多汁饲料（或青贮料）。在精料中应补充一定的矿物质微量元素，每天混合精料的用量不低于 0.5 千克，优质干草 2~3 千克，多汁饲料 1.0~1.5 千克，胡萝卜 0.5 千克。常年补饲食盐，食盐 5~10 克，夜间适当添加青干草 1.0~1.5 千克，坚持放牧和运动。夏季以放牧为主，适当补饲精料。采用高频繁殖生产体系时，公羊的利用率更高。因此，种公羊全年均衡的营养供给和科学的饲养十分重要，配种前的公羊体重比进入配种期时要高 10%~15%。

种公羊非配种期精料配方：玉米 54.7%，麸皮 12%，豆粕 13.2%，生物饲料 12%，磷酸氢钙 1%，石粉 1.2%，食盐 1.3%，碳酸氢钠 1%，电解多维 0.1%，预混料 1%。

（二）配种期

（1）配种预备期。指配种前 40~45 天。这一时期日粮营养水平应逐步提高，到配种开始达到标准。日粮体积不能过大，以免形成草腹，影响配种或采精。在放牧的同时，应给公羊补饲富含蛋白质、矿物质、维生素等营养丰富的日粮。日粮应由公羊喜食的、品质好的多种饲料组成，其补饲量应根据种公羊的体重、膘情与采食次数决定，一般每日补饲混合精料 0.4~0.6 千克、苜蓿干草或青干草 3 千克、胡萝卜 0.5 千克、食盐 5~10 克的标准饲喂，胡萝卜须切碎之后再喂，精料每天分 2~3 次饲喂，饮水每天 3~4 次。有条件者还可根据种公羊的利用情况喂给牛奶或鸡蛋等。可每天让种公羊饮食新鲜牛奶 0.5~1.0

千克或灌服（或拌料）鸡蛋 2~3 枚。

（2）正式配种期。种公羊在配种期内要消耗大量的养分和体力，日粮要求营养丰富全面，体积小，适口性好，易消化。因配种任务或采精次数不同，不同种公羊个体对营养的需要量相差很大。因此，要依据公羊的体况和精液品质及时调整日粮。一般对于体重 80~90 千克的种公羊，每天饲料定额为混合精料 1.2~1.4 千克，苜蓿干草或野干草 2 千克，胡萝卜 0.5~1.5 千克，食盐 15~20 克。对于配种任务繁重的优秀种公羊，每天应补饲 1.5~2.0 千克的混合精料，并在日粮中增加部分动物性蛋白质饲料（如蚕蛹粉），以保持其良好的精液品质。

种公羊配种期精料配方：玉米 50%，麸皮 9%，豆粕 20%，生物饲料 6%，磷酸钙 1%，石粉 0.3%，食盐 1.6%，碳酸氢纳 1%，电解多维 0.1%，预混料 1%。

在配种期，配好的精料要均匀地撒在食槽内，经常观察种公羊食欲的好坏，以便及时调整饲料，判别种公羊的健康状况。种公羊要远离母羊，否则，母羊的鸣叫及发出的气味易被公羊嗅到或听到，影响种公羊的正常生活。

三、管理

管理上必须选派责任心强，有放牧经验的牧工担任。种公羊要与母羊分群饲养，以避免发生偷配，造成系谱不清、乱交滥配、近亲繁殖等现象的发生。种公羊必须给予多样化的饲草饲料，配种期的日粮应按种公羊日粮标准供应，使种公羊保持良好的体质、旺盛的性欲以及正常的采精配种能力。种公羊圈舍要求宽敞、清洁、干燥，并有充足的光线，必要时应添设灯光照射。放牧阶段，每天要保证充足的运动量，每天安排 4~6 小时的放牧运动。常年放牧条件下，应选择优良的天然牧场或人工草场放牧种公羊；舍饲羊场，在提供优质全价日粮的基础上，种公羊配种采精要适度，配种比例为 1：（30~50）。

四、饲养管理技术规程

（1）种公羊舍应坚固、宽敞、通风良好，保持舍内环境卫生良好。

（2）管理种公羊应固定专人，不可随意更换。应注意防止公羊互相角斗，定期对公羊进行健康检查。

（3）种公羊在非配种期以放牧为主，适量补饲；冬春舍饲应供给多样化的饲草料与多汁饲料。

（4）在配种开始前 1 个月应做好采精公羊的排精、精液品质检查和对初次参加配种公羊的调教工作。

（5）配种开始前 45 天起，逐渐增加日粮中蛋白质、维生素、矿物质和能量饲料的含量。

（6）配种期要保证种公羊每天能采食到足量的新鲜牧草，并按配种期的营养标准补给营养丰富的精料和多汁饲料。

（7）配种期种公羊除放牧外，每天早晚应缓慢驱赶运动各 1 次，在放牧与运动时应远离母羊群。

（8）定期检查种公羊，保证公羊精神状态良好、性欲强，要做好驱虫、防疫和健胃工作，发现病羊应及时治疗。

第二节　繁殖母羊的饲养管理

对繁殖母羊，要求保持较高的营养水平，以达实现多胎、多产、多壮的目的。母羊饲养分空怀期、妊娠期和哺乳期 3 个阶段。

一、空怀期

空怀期的饲养任务是恢复母羊体况，增加体重，补偿哺乳期消耗。由于各地产羔季节不同，母羊空怀季节也有差异。我国北方地区产冬羔的母羊一般 5—7 月为空怀期；产春羔的母羊一般 8—10 月为空怀期。此阶段饲养以粗饲料为主，延长饲喂时间，每天饲喂 3 次，并适当补饲精料。空怀母羊这个时期已停止泌乳，但为了维持正常的生理需要，必须从饲料中吸收满足最低营养需要量的营养物质。空怀母羊需要的风干饲料为体重的 2.4%~2.6%。管理上重点应注意观察母羊的发情状况，做好发情鉴定，及时配种，以免影响母羊的繁殖。

在空怀前期，有条件的地区放牧即可，无条件放牧的区域采取放牧加补饲。其日粮的标准为：混合精料 0.2~0.3 千克，干草 0.3~0.5 千克，秸秆 0.5~0.7 千克。配种前 1~1.5 个月进行短期优饲，增加优质干草、混合精料，提高母羊配种时的体况，以达到发情整齐、受胎率高、产羔整齐、产羔数多。为保证种母羊在配种季节发情整齐、缩短配种期、增加排卵数和提高受胎率，在配种前 2~3 周，除保证青饲草的供应、适当喂盐、满足饮水外，还要对繁殖母羊进行短期补饲，每只每天喂混合精料 0.2~0.4 千克，这样做有明显的催情效果。

二、妊娠期

母羊在配种后 17~20 天不发情，表明其已受胎妊娠。妊娠期分为妊娠前期和妊娠后期，此阶段的饲养管理对胎儿的生长及羔羊的初生重、健康状况和羔羊成活率都相当重要。

（一）饲养

（1）妊娠前期。妊娠前期是指母羊妊娠的前 3 个月。此时多为秋、冬季节，胎儿生长发育较慢，重量仅占羔羊初生重的 10%。尤其母羊怀孕第 1 个月，受精卵在未形成胎盘之前，很容易受外界饲喂条件的影响，例如，喂给母羊变质、发霉或有毒的饲料，容易引起胚胎早期死亡，母羊的日粮营养不全面，缺乏蛋白质、维生素和矿物质等，也可能引起受精卵中途停止发育，所以母羊怀孕第 1 个月左右的饲养管理是保证胎儿正常生长发育的关键时期。此时胎儿尚小，母羊所需的营养物质虽要求不高，但必须营养全面。妊娠前期母羊对粗饲料的消化能力较强，只要搞好放牧，维持母羊处于配种时的体况即可满足其营养需要。进入枯草季节后，为满足胎儿生长发育和组织器官分化对营养物质的需要，应适当补饲一定量的优质青干草、青贮饲料等。日粮可由 50% 的优质青干草，35% 的玉米秸秆或青贮饲料，15% 混合精料组成。维生素、微量元素适量，自由舔食盐砖。

（2）妊娠后期。妊娠后期是指母羊妊娠的后 2 个月。这时胎儿生长发育快，约为初生重的 90%。妊娠第 4 个月，胎儿平均日增重 40~50 克；妊娠第 5 个月日增重高达 120~150 克，且骨骼已有大量的钙、磷沉积。母羊妊娠的最后 1/3 时期，对营养物质的需要增加 40%~60%，钙、磷的需要增加 1~2 倍。此外，母羊自身也需贮备营养，为产后泌乳做准备。如果营养不足，不但羔羊初生重小，抵抗力弱，成活率低，而且母羊体质差，泌乳量低。因此，母羊在妊娠前期的基础上，能量和可消化粗蛋白可分别提高 20%~30% 和 40%~60%，日粮的精料比例提高到 20%~30%。在产前 1 周，要适当减少精料的喂量，以免胎儿体重过大，造成难产。如果该时期正值枯草季节，除放牧以外，每只羊每日补饲青干草 1.5~2.0 千克，青贮饲料 1.0~1.5 千克，混合精料 0.4~0.6 千克，产双羔或三羔的母羊再增加 0.2~0.3 千克精饲料，胡萝卜 0.5 千克，食盐 10.0 克，产前 10 天左右多喂一些多汁饲料，以促进乳汁分泌。

（二）管理

（1）做好防流保胎工作。饲草、饲料一定要优良，严禁饲喂冰冻、发霉、变质和霉变的饲草饲料。每天要密切注意羊只状态，强调"稳、慢"，羊只出去圈舍要平稳、严防拥挤，不驱赶、不惊吓，提防角斗，不跨沟坎，不让羊走冰滑地，抓羊、堵羊和其他操作时要轻。羊圈面积要适宜，每只羊在 2~2.5 平方米为宜，防止过于拥挤或由于争斗而产生顶伤、挤伤等机械伤害，造成流产。

母羊妊娠后期仍可以放牧，但要选择平坦开阔的牧场，保持一定的运动，有利于胎儿的生长，产羔时不易发生难产，出牧、归牧不能紧迫急赶。

（2）保证清洁的饮水。不饮冰冻水、变质水和污染水，最好饮井水，可在水槽中撒些玉米面、豆面，以增加羊只饮水欲。

（3）做好防寒工作。秋、冬季节逐渐下降，一定要封好羊舍的门窗和排风洞，防止贼风，以降低能量消耗。

母羊产前2周左右，应适当控制粗料的饲喂量，尽可能喂些质地柔软的饲料，如氨化、微贮或盐化秸秆以及青绿多汁饲料，精料中要增加麸皮喂量，以利于通肠利便。母羊分娩前7天左右，应根据母羊的消化、食欲状况，减少饲料的喂量。

产前2~3天，若母羊体质好，乳房膨胀并伴有腹下水肿，应从原日粮中减少1/3~1/2的饲料喂量，产羔当天不给母羊喂精料，喂易消化的青草或干草，饮温热的麸皮水，加放一些食盐和红糖，以防母羊分娩初期乳量过多或乳汁过浓而引起母羊乳腺炎、回乳和羔羊消化不良而下痢；对于比较瘦弱的母羊，如产前1周乳房干瘪，除减少粗料喂量外，还应适当增加豆饼、豆浆或豆渣等富含蛋白质的催乳饲料，以及青绿多汁的饲料，以防母羊产后缺奶。母羊产后逐渐增加精料喂量，10~14天增到最大喂量。

三、哺乳期

（一）饲养

母羊产羔后进入哺乳期，哺乳期为3~4个月。生产中，将哺乳期划分为哺乳前期和哺乳后期。哺乳前期是羔羊生后前2个月，此时，母乳是羔羊的主要营养物质，尤其是出生后15~20天内，几乎是唯一的营养物质，测定表明，羔羊每增重1千克需哺乳5~6千克，因此，这一阶段的主要任务是保证母羊有充足的乳汁。为保证母羊的母乳力，除放牧外，必须补饲青干草、多汁饲料和精饲料。产单羔的母羊每天补饲混合精料0.3~0.5千克，产双羔的母羊和高产母羊每天补给混合精料0.5~0.7千克，产单、双羔母羊均补饲优质干草3~3.5千克，胡萝卜1.5

千克。冬季尤其要补饲多汁饲料。

哺乳期母羊精料配方：玉米 53.2%，麸皮 8%，豆粕 6%，棉籽粕 12%，生物饲料 14%，磷酸氢钙 1%，石粉 1.2%，食盐 2%，碳酸氢钠 1.2%，电解多维 0.1%，预混料 1%。

哺乳后期母羊的泌乳能力逐渐下降，即使加强补饲，也很难达到哺乳前期的泌乳水平，而且羔羊的瘤胃功能已趋于完善，能采食一定的青草和粉碎的饲料，对母乳的依赖程度减小，饲养上应注意恢复母羊体况和为下一次配种做准备。因此，对母羊可逐渐降低补饲标准，一般混合精料可降至 0.3~0.4 千克，青干草 1.0~2.0 千克，胡萝卜 1.0 千克。羔羊断奶前几天，要减少多汁饲料和混合精料的喂量，以免发生乳腺炎。

(二) 管理

对产后母羊的护理应注意保暖、防潮、避免伤风感冒，要保持圈舍卫生干燥、清洁和安静。产羔后 1 小时左右，应给母羊饮 1.0~1.5 升温水或豆浆水，切忌饮冷水。同时要喂给优质干草，前 3 天尽量不喂精饲料，以免引发乳腺炎。饲喂精饲料时，要由少到多逐渐增多。随着母羊初乳阶段的结束，精料量和青饲料可逐渐增至预定量。经过助产的母羊，要向子宫注入适量的抗生素，对难产的母羊要精心的治疗。

早春时节天气仍然寒冷，对产羔舍要采取保温措施，不能有贼风侵入，舍内地上要垫上清洁柔软的垫料。产羔舍在母羊未进入前要彻底消毒，以后每隔 5 天用消毒剂喷洒 1 次。临产的母羊要提前 1~2 周进入产房。产前 20 天必须喂低钙日粮，日粮中的钙含量以 0.2% 为宜，产后立即增到 0.8%，可防止母羊产后瘫痪。产前 5~6 天给母羊注射维生素 D 也能有效预防产后瘫痪。产后立即注射催产素 5~10 国际单位、产后康 2 支，预防产褥热、乳腺炎、子宫炎的发生，促进母羊子宫早日复原，尽早发情配种。也可灌服益母草汤。

产后 30 天进行有关疫苗的预防注射。配种前驱虫，有利于母羊怀孕，防止由寄生虫引起流产。

四、母羊饲养管理技术规范

（1）母羊应安排到牧草丰茂的草场放牧，以使其迅速增膘，保证配种时达到良好的体况。若草场条件差，配种前应适当补饲一定量的精料，补饲量一般为 0.2~0.3 千克。

（2）配种前应做好免疫、健胃等工作，应调整好母羊群，及时淘汰老弱病残的个体，补充优秀的后备母羊。

（3）已配与未配母羊应分群饲养，加强未配母羊的放牧和试情，防止遗漏发情母羊而错失配种时机。

（4）妊娠母羊在妊娠前期（前 13 周）以放牧为主，妊娠后期（后 8 周）应采取放牧加补饲或全舍饲饲养。

（5）母羊妊娠期应做好保胎工作，妊娠母羊圈门要宽大，防拥挤、防急行、防滑跌、防跳沟、防惊群，禁止饮冰碴水，禁喂发霉变质的饲草料。

（6）母羊产羔前应修剪后腿内侧及乳房周围的羊毛，对难产母羊、体弱母羊应做好人工助产，产后要经常检查乳房和外阴户，及时治疗病变。

（7）哺乳母羊一般采取舍饲或就近放牧，除供给足量的精料外，应尽可能补饲多汁饲料或青贮饲料，保证充足的饮水，以增加泌乳量。

（8）母羊舍应保持干燥、卫生，定期或不定期消毒。

（9）要经常仔细、认真观察羊只的精神状态、采食饮水、粪便颜色等，发现病变应及时治疗。

第三节　羔羊的饲养及育肥管理

一、生长发育特点

（一）生长发育快

羔羊从出生至 4 月龄断奶的哺乳期内，生长发育迅速，所需要的营养物质多，特别是对蛋白质的要求更高。羔羊生后1个月内生长速度较快，肉用品种羔羊的平均日增重在300克以上。

（二）适应能力差

哺乳期的羔羊由胎生到独立生活的过渡阶段，从母体环境转到自然环境中生活，其生存环境发生了根本性的改变。此阶段羔羊的各个组织器官功能尚未健全，如生后1~2周内羔羊调节体温的机能发育不完善，皮肤保护机能差，神经反射迟钝，特别是消化道的黏膜容易受细菌的侵袭而引起消化道疾病。

（三）可塑性强

羔羊在哺乳阶段可塑性强。当外部环境发生变化时可引起羔羊机体相应的变化，容易受外界条件的影响而发生变异，这对羔羊的定向培育具有重要意义。

二、饲养与育肥

（一）早吃初乳，吃好常乳

羔羊产后应尽早吃到初乳，初乳是母羊分娩后3~5天内分泌的乳汁，颜色微黄，比较浓稠，营养十分丰富，含有丰富的蛋白质（17%~23%）、脂肪（9%~16%）、矿物质等营养物质和抗体，尽早吃到初乳能增强体质，提高抗病能力，并有利于胎粪的排出。

羔羊出生后10分钟左右就可自行站立，寻找母羊乳头，自行吮乳。5天后进入常乳阶段，常乳是羔羊哺乳期营养物质的主要来源，尤其在生后第1个月，营养全靠母乳供应，羔羊哺乳的次数因日龄不同而有所区别，1~7日龄每天自由哺乳，7~15日龄每天饲喂6~7次，15~30日龄4~5次，30~60日龄3次，60日龄至断乳1~2次。每次哺乳应保证羔羊吃足吃饱，吃饱奶的羔羊表现为精神状态良好、背腰直、毛色光亮、生长快，缺乳的羔羊则表现为被毛蓬松、腹部扁、精神状态差、拱腰、时时鸣叫等。

（二）做好孤羔和缺乳羔羊的寄养或人工哺乳

若母羊产后死亡或泌乳量过低，则应进行寄养或人工哺乳。寄养选择保姆羊时，应选择营养状况良好、健康、泌乳性能好、产单羔的母羊。由于母羊嗅觉灵敏，拒绝性强，所以应采取相应的措施保证寄养顺利完成，一般将保姆羊的乳汁涂在羔羊身上，使母羊难以识别。寄养最好安排在夜间进行。

若羊场找不到合适的保姆羊，需进行人工哺乳。人工哺乳的关键是代乳品、新鲜牛奶等的选择和饲喂。

（1）代乳品。选择代乳品时应具有以下特点：营养价值接近羊奶，消化紊乱少；消化利用率高；配制混合容易；添加成分悬浮良好。对于条件好的羊场或养殖户，可自行配制人工合成奶类，其主要成分为脱脂奶粉60%，还含有脂肪干酪素、乳糖、面粉、玉米淀粉、食盐、磷酸钙和硫酸镁。

（2）新鲜牛奶。选用新鲜牛奶，要求定时、定温、定质，奶温35~39℃，初生羔羊每天哺乳4~5次，每次喂100~150毫升，以后酌情决定哺乳量，逐渐减少哺乳次数。哺乳初期采用有乳嘴的奶瓶进行哺乳，防止乳汁进入瘤胃异常发酵而引起疾病，同时，严格控制哺乳卫生条件。

（三）尽早训练，抓好补饲

羔羊生后10~40天，应给羔羊补喂优质的饲草和饲料，一方面使羔羊获得更加完全的营养物质；另一方面通过训练采食，可以促进羔羊瘤胃消化机能的完善，提高采食消化能力。羔羊生后10~15天，即可训练采食干草，其方法是将干草悬吊，投以香料（将豆饼炒熟）诱食。20日龄左右可训练采食混合精料。为防止浪费，应注意喂量，少给勤添，羔羊补饲精料最好在补饲栏中进行，羔羊一般每天每只喂给精料量为：15~30日龄50~75克，1~2月龄100~150克，2~3月龄200~250克，3~4月龄250~300克。混合精料以黑豆、黄豆、豆饼、玉米等最好，干草以苜蓿干草、青野干草等为宜。另外，在精料中拌一定量食盐（1~2克/天）为佳。从 30 日龄起，可用切碎的胡萝卜混合饲喂。

三、早期断奶技术

（一）时间的选择

羔羊早期断奶缩短了母羊的繁殖周期，打破了传统的季节产羔，推进了密集产羔体系的发展。羔羊早期断奶的时间一般在 40~60 日龄进行断奶。

（二）操作技术

（1）饲料的选择。不论是开食料，还是早期的补饲饲料，必须根据哺乳羔羊消化生理特点和对营养物质的需求，选择好的饲料，其选择标准：一是饲料的适口性要好，容易消化吸收；二是营养价值高，保证羔羊生长发育的需要，特别是能量和蛋白质；三是补饲饲料成本低，饲料形状最好以颗粒饲料为主。饲料配合时应注意蛋白质水平不低于 15%，饲喂颗粒饲料可加大采食量，提高日增重，颗粒直径为 0.4~0.6 厘米，日粮中应添加维生素，每 100 千克日粮按 4 克计量。

（2）补饲方法。在母羊圈舍内放置一个羔羊补饲栏，栏板间距以进出一只羔羊为标准，补饲栏内设料槽和水槽，每天将羔羊补饲饲料放置其中，羔羊可自由出入，自由采食。这样，既保证羔羊在补饲栏内可采食到补饲饲料，又可在栏外吃到母乳，满足羔羊生长发育所需营养，加快羔羊的生长速度。早期隔栏补饲一般在羔羊出生后 7~10 日龄开始进行诱食，待羔羊能够习惯采食补饲饲料后，补饲饲料量可由最初的每只每天 50 克左右逐渐增加至 2 月龄的 350~400 克。

四、早期断奶技术

（一）时间的选择

羔羊早期断奶缩短了母羊的繁殖周期，打破了传统的季节产羔，推进了密集产羔体系的发展。羔羊早期断奶的时间一般在 40~60 日龄进行断奶。

（二）操作技术

（1）饲料的选择。不论是开食料，还是早期的补饲饲料，必须根据哺乳羔羊消化生理特点和对营养物质的需求，选择好的饲料，其选择标准：一是饲料的适口性要好，容易消化吸收；二是营养价值高，保证羔羊生长发育的需要，特别是能量和蛋白质；三是补饲饲料成本低，饲料形状最好以颗粒饲料为主。饲料配合时应注意蛋白质水平不低于 15%，饲喂颗粒饲料可加大采食量，提高日增重，颗粒直径为 0.4~0.6 厘米，日粮中应添加维生素，每 100 千克日粮按 4 克计量。

（2）补饲方法。在母羊圈舍内放置一个羔羊补饲栏，栏板间距以进出一只羔羊为标准，补饲栏内设料槽和水槽，每天将羔羊补饲饲料放置其中，羔羊可自由出入，自由采食。这样，既保证羔羊在补饲栏内可采食到补饲饲料，又可在栏外吃到母乳，满足羔羊生长发育所需营养，加快羔羊的生长速度。早期隔栏补饲一般在羔羊出生后 7~10 日龄开始进行诱食，待羔羊能够习惯采食补饲饲料后，补饲饲料量可由最初的每只每天 50 克左右逐渐增加至 2 月龄的 350~400 克。

五、管理

羔羊的管理一般分为 2 种：一是母子分群，定时哺乳，羊舍内培育，即白天母子分群，羔羊留在舍内饲养，每天定时哺乳，羔羊在舍内养到 1 月龄左右时单独放出运动；二是母子不分群，在一起饲养。羔羊 20 日龄以后，母子可合群放出运动。圈舍要保持干燥、卫生、保暖，勤换垫草，舍内温度保持在 5℃以上，防止肺炎、下痢等疾病的发生，并注意观察羔羊的哺乳、精神状态及粪便，发现患病应及时隔离治疗。

第四节　育成羊的饲养管理

一、选羊与分群

要选择膘情中等、身体健康、牙齿好的羊只育肥，淘汰膘情很好和极差的羊。挑选出来的羊应按体重大小和体质状况分群，一般把相近情况的羊放在同一群育肥，避免因强弱争食造成较大的个体差异。

二、准备工作

育肥前，应对羊只进行全面健康检查，凡病羊均应治愈后育肥。过老、采食困难的羊只不宜育肥，淘汰公羊应在育肥前10天左右去势。育肥羊在进入育肥前应注射肠毒血症三联苗，并进行驱虫，同时在圈内设置足够的水槽和料槽，并进行环境（羊舍及运动场）清洁与消毒。

三、育肥技术

（一）育肥时间

成年羊的整个育肥期可分为预饲期（15天）、正式育肥期（30~50天）和出栏期3个阶段。

（1）预饲期。主要任务是让羊只适应新的环境和适应饲料、饲养方式的转变，并完成健康检查、注射疫苗、驱虫、分群、灭癣等生产操作，预饲期以粗饲料为主，适当搭配精饲料，并逐渐将精饲料的比例提高到40%~50%。

（2）正式育肥期。精料的比例可提高到60%。其中玉米、大麦等籽实类能量饲料可占80%左右。

（3）出栏期。当育肥羊的育肥期达到50天时必须出栏，此时成年羊的生长发育已经基本停止，羊的生长发育速度和饲料利用率较低，若延长育肥时间则经济效益较低。

（二）育肥方式

（1）放牧——补饲型。夏季，成年羊的育肥以放牧为主，其日采食青绿饲料可达5~6千克，精料0.4~0.5千克，育肥平均日增重为140克左右。秋季，主要选择老龄羊或淘汰羊进行育肥，育肥期一般为80~100天，首先利用农田茬地或秋季牧场放牧，待膘情好转后，直接转入育肥舍进行短期强度育肥。此种育肥典型的日粮组成如下。

配方一：禾本科干草0.5千克，青贮玉米4.0千克，碎谷粒0.5千克。此配方日粮中的干物质含量为40.60%，代谢能17.974兆焦，粗蛋白4.12%，钙0.24%，磷0.11%。

配方二：禾本科干草0.5千克，青贮玉米3.0千克，碎谷粒0.4千克，多汁饲料0.8千克。此配方日粮中的干物质含量为40.64%，代谢能15.884 4兆焦，粗蛋白3.83%，钙0.22%，磷0.10%。

（2）颗粒饲料型。此法适用于有饲料加工条件的地区和饲养的羊为肉用成年羊或羯羊。典型的日粮组成如下。

配方一：禾本科草粉30.0%，秸秆44.5%，精料25.0%，磷酸氢钙0.5%。此配方每千克饲料中干物质含量为86%，代谢能7.106兆焦，粗蛋白7.4%，钙0.49%，磷0.25%。

配方二：秸秆44.5%，草粉35.0%，精料20.0%，磷酸氢钙0.5%。此配方每千克饲料中干物质含量为86%，代谢能6.897兆焦，粗蛋白7.2%，钙0.48%，磷0.24%。

第五节　肉羊的异地育肥技术

一、肉羊育肥的概述

发展安全、优质的规模化肉羊生产，首先要因地制宜地根据本地区的综合情况如国家的法规、政策、生态资源，饲料、饲草供应状况，市场因素、经济基础等综合考虑，有效地利用国家对草食家畜的扶植政策，充分利用本地人力、物力资源实现绿色肉羊规模化生产。一般情况下，边远山区坡度大于45°时，适合饲养肉山羊；而坡度在25°以下的丘陵地区多适合饲养肉用绵羊。但无论最终确定使用什么品种，必须兼顾当地的养羊习惯，确定肉羊的肥育模式。通常我们所说的肥育模式，主要有舍饲肥育、半舍饲半放牧肥育及放牧肥育。

每一种模式的应用多半要根据季节、育肥中所处地区的农业生态环境、羊的品种、年龄以及体况等具体情况来确定。从肉羊年龄上划分时，羊的肥育分成年育肥、羔羊育肥和肥羔生产。肉用羊宰杀的月龄不同，可以分为成年肉羊（或称大羊）、羔羊肉羊和肥羔。生产成羊肉的羊是在12月龄以上，生产羔羊肉的羊年龄为6~12月龄，而6月龄以下经育肥的羊称为肥羔。在屠宰前经过一定时间的育肥，是提高活重和屠宰率、改进羊肉的品质的重要措施。放牧肥育用的羊群，一般青草季节内，可充分发挥季节优势，放牧育肥。所用的羊只可以是成年羊，也可以是冬羔。具体方法是成年育肥时挑选羊群中丧失繁殖能力或准备淘汰的公、母羊进行育肥。成羊育肥多在我国牧区和很多山区，养羊户只注重羊的存栏数，忽略了羊的生长特点，认为养大羊才有效益，甚至2岁以上时才屠宰，胴体重和净肉率皆偏低。

羔羊肉羊的生产，是利用绵羊和山羊的冬羔，当年羔羊当年屠宰。我国北方地区普遍实行早春、冬末（1—3月）产羔，草地返青开始放牧，8—12月屠宰。宰前活重不低于35~40千克，体重不低于15~20千克。在枯草季节可以放牧结合舍饲的形式进行育肥，也可以全舍饲育肥。

肥羔生产，多是选用国外优良的肉用性能好的、繁殖力高的父本绵羊品种进行杂交，也有用肉用性能好的山羊品种进行杂交的。将所生的羔羊在哺乳期就及早补饲优质的草、料，断奶后强度育肥，从而成为膘情良好专供屠宰用的羔羊。目前，国际市场上销售的羊肉主要为肥羔，在4~6月龄屠宰，体重

15~20千克。这样的肥羔肉质细嫩，在市场上备受青睐。它是利用优良的肉用、肉毛兼用型早熟的、繁殖力高、生长发育快、肉用性能良好的品种，采用经济杂交的手段，在科学的饲养管理条件下，在羔羊4~6月龄内达到32千克体重就屠宰的生产肥羔肉的方法。我国20世纪70年代中期，新疆、内蒙古等地已开始研究和推行羔羊肉生产。在目前市场对羊肉的需求及价格看好的形势下，羔羊肉和肥羔生产将会得到迅猛发展。

二、育肥的准备工作

一般在羊只育肥前，根据所育肥羊群的具体情况，要制订育肥计划，不同羊群采用不同育肥方案。具体的育肥方案包括对羊群的组群、育肥方式、育肥强度等。对羊群的组群主要是针对羊只的年龄、体况、体重等不同因素进行分群；育肥方式主要指根据育肥所处的季节及市场需要所采取的舍饲育肥、半舍饲半放牧育肥或放牧育肥；而育肥强度则根据前两项具体情况、市场对羊肉产品的需求以及当地饲料供应情况而采取的全精料育肥、全价颗粒饲料育肥等对育肥指标、育肥进度的要求，因为不同育肥强度的羊只对各种营养的需求不同，对饲料的要求也不相同，大多要根据当地的饲料资源及市场需求而定。

所有进行肥育的羊只都要进行驱虫处理。对育肥羔羊的驱虫第一次在断奶后20天，第二次在断奶后2个月。对放牧肥育的羊群可安排在由春草场转入夏草场前1周的夏秋草场放牧中期各驱虫一次。对舍饲育肥的羊群一般要在肥育前统一称重，分组后进行驱虫。驱体内寄生虫药物可选用丙琉咪唑，剂量每千克体重10~15毫克。丙硫咪唑是一种广谱、低毒、高效的驱虫药，对线虫、吸虫和绦虫都有很好地驱除效果。

（一）羊舍消毒和防疫

在育肥羊群入舍前首先进行圈舍消毒，一般可用3%~5%火碱、石灰水消毒。以后待羊群入舍后每周进行消毒。在正常情况下，对于常年饲养的羊群，应该坚持定期防疫，具体要求如下。

（1）每年9月注射羊快疫、猝狙、肠毒血症三联疫苗或其他需要的疫苗一次。

（2）每年3月和9月进行炭疽和布氏杆菌病等预防注射。

（二）饲料饲草的准备

根据育肥羊所选择的育肥方案，准备足够的饲料，避免因饲料供应问题出现频繁换料而引起应激反应。如果必须换料，也不能直接更换，一般可在7~10天才能换完。具体可采用逐渐更替的方法，逐渐增加新料在原有饲料中的比例，直至全部更换。

三、舍饲育肥

舍饲育肥中根据年龄不同分为羔羊舍饲育肥和成年羊舍饲育肥。这种育肥模式应用的前提是在市场需要充分，饲料来源储备丰富的情况下采用。羔羊舍饲育肥目的是利用羔羊的早期的特点和生长优势，为市场提供优质肥羔肉；而成年羊育肥主要是对那些淘汰羊进行肥育，因其增重的主要部分是脂肪，无论在饲料上还是在一般管理上与羔羊肥育都有区别。

（一）羔羊肥育

羔羊出生后，其消化系统发育尚不完全，其中消化粗纤维的瘤胃、网胃及瓣胃的发育远不如其皱胃的发育迅速，由于出生后其前胃不具备消化功能，吃进的母乳通过食管沟不经瘤胃等直接进入皱胃，这种消化方式与单胃动物近似。因此，喂幼羔可像对单胃动物如猪那样进行。由于瘤胃的发育是在羔羊采食饲料后才逐渐发育，一般哺乳羔羊1.5~2个月才能具备反刍功能，3个月左右才发育完善，因此，羔羊的育肥应利用3个月前羔羊瘤胃发育不完全的特点，在出生3个月内搞全精料强度育肥，也可以在出生后4~6月龄内搞羔羊的一般舍饲育肥。但无论哪种羔羊育肥方式，都需要在早期断奶、提高补料等环节上进行相应的训练，这样才能达到育肥的目的。

实行早期断奶和提早补饲，是羔羊肥育的关键。由于高强度的生长发育仅靠母乳不能满足其营养需要，因此，要精心做好这方面的管理工作。一般育肥前要注意对羔羊进行预防注射和驱虫。羔羊阶段比较容易受到肠毒血症的传染，该疫苗可在断奶前进行预防注射；而对羔羊的驱虫一般可在断奶后，当育肥羔羊群基本稳定后在断奶 20 天左右进行。整个育肥期间，要保证育肥舍环境清洁，干燥通风良好，以保证其生长环境需要。

（二）成年羊育肥

成年羊的育肥主要是针对那些老龄的淘汰羊进行肥育。根据当地的综合情况，分舍饲育肥、半舍饲半放牧育肥及放牧育肥几种。

成年淘汰羊的舍饲肥育多半结合异地肥育进行的。在进行舍饲育肥时，首先要求对羊群进行观察，按照不同的性别、体重组群，对异地育肥的羊群先要进行 20~30 天的隔离饲养，中间要进行防疫注射如三联苗，同时进行药物驱虫，确认没有重大疫病后方可进行正式育肥。育肥初期，因淘汰羊育肥增重主要是体脂，目的是提高胴体品质，增加体重。因此，肥育饲料以能量饲料为主，一些玉米、大麦、高粱及优质粗料都可以作为育肥饲料。优质粗料可以是优质青干草、豆科牧草，也可以是农副产品、秸秆等。每只羊每日补精料 0.4~0.5 千克，粗料1.5~2.0 千克，冬季补饲时要注意改善饲料的适口性，要及时补充盐类等矿物质及微量元素，补饲日粮中有一定数量的块根类、青贮类多汁饲料。

放牧肥育在农牧区经常使用。在有条件的农区，可利用茬地以及河滩、缓坡进行放牧。这种方式可充分利用自然资源，最大限度地节省养殖成本。多半是在青草季节放牧，入冬后尽快屠宰，以减轻放牧草场的压力。在进入草场放牧前要进行驱虫。在收获后的农田放牧，牧场面积较大时，可以采用分区轮牧的方法进行。这种方式中基本上放牧时间要大于 8 个小时，保证羊群一日三饱以上，放牧技术上要做到三勤——腿勤、眼勤、嘴勤；四稳——出牧稳、收牧稳、放牧稳及饮水稳；四看——看地形、看草场、看水源及看天气等，做到放牧中让羊只少走路，多采食，尽快达到出栏体重。

放牧结合舍饲肥育，这是一种根据季节特点，在放牧时采食不足的情况下结合舍饲的肥育方式，对枯草季节非常适用。既可充分利用放牧地有限的牧草资源，又能达到适时出栏的目的。补饲的量以羊只采食30分钟的量为宜，一般需要补饲精料0.2~0.4千克，粗料1.5~2.0千克。同样作为育肥羊要以能量饲料为主。

第六节　肉羊的放牧管理

一、放牧饲养

山羊是以放牧为主的草食家畜，放牧是最经济的饲养方式。利用羊的合群性，组群放牧饲养，可以节省饲料和管理的费用。放牧时，羊采食青绿饲料种类多，容易获得完全营养，不仅能满足羊只生长发育的需要，还能达到放牧抓膘的目的。同时由于放牧增加了羊只的运动量，并能接受阳光中的紫外线照射和各种气候的锻炼，有利于羊的生长发育与健康。具体放牧关键技术如下。

放牧队形主要根据地形地势、草生长状况、季节时间和羊群的饥饱情况而变换。放牧羊的队形基本有两种形式：一条鞭和满天星。

"一条鞭"又称一条线，即把羊排成一横队，缓步前进。领羊人走在前面，挡住强羊，助手在后驱赶弱羊，防止掉队，保持队形。这种队形适用于植被均匀、中等的牧地。要使羊只吃食匀、吃得饱，使其采食时间较长；逐渐吃饱后，游走速度应快些，使羊只不断采食到好草以提高采食量（但亦不可走得过快，防止牧草利用不充分）；直到大部分羊吃饱以后，就会出现站立前望或卧下休息的情况，这时停止羊群继续前进，就地休息反刍。若欲让羊群移动时，再驱赶唤起继续采食。

"满天星"是把羊均匀地分散在一定范围的牧地上，令羊自由采食，直到牧草采食完全后，再移到新的牧地上去。这种队形适合于牧草稠密茂盛、产量高的牧地，或牧草特别稀疏，且生长不均匀的牧地。前者因牧草丰富，所以把羊群散开，随时都可采食到好草。后者因牧草生长不良，让羊群散开自由采食可吃到较多的牧草。

二、放牧技术要点

（一）多吃少消耗

放牧羊群在草场上，吃草时间超过游走时间越长越好。吃草时间长，体能行走消耗相对较小，这样才能达到多吃少消耗、快速增膘的目的。

（二）"四勤三稳"

我国著名牧羊专家宁华堂的经验是"手大、手小、稳当就好""走慢、走少，吃饱、吃好"。稳羊不馋、抓膘快、易保膘。"稳羊"包括放牧稳、饮水稳和出入圈稳。只有稳住了羊群，才能保证羊少走多吃，吃饱喝好，无事故，"三稳"要靠"四勤"来控制，四勤即指放牧人员要腿勤、手勤、嘴勤、眼勤。管住羊群，使其慢且易上膘。

（三）"领羊、挡羊、喊羊、折羊"相结合

放牧羊群应有一定的队形和密度，牧工领羊按一定队形前进，控制采食速度和前进方向，同时挡住走出群的羊。"折羊"是使羊群改变前进方向，把羊群赶向既定的草场、水源的道路上去。"喊羊"是放牧时呼以口令，使落后的羊只跟上队，抢前的缓慢前进。为了做好领羊、挡羊、喊羊和折羊平时训练头羊，有了头羊带队，容易控制羊群，使放牧羊群按放牧工的意图行动。

第六章　肉羊疫病的综合防控

羊的保健是羊健康高效养殖的保证。羊的卫生保健受养殖环境、羊自身状况（包括健康状况、年龄、性别、抗病力、遗传因素等）、外界致病因素及气候等因素的影响。羊从生产到出售，要经过出入场检疫、收购检疫、运输检疫和屠宰检疫。

第一节　羊的健康检查

一、羊正常生理表现

羊正常体温为 38~39.5℃，羔羊体温高出约 0.5℃，剧烈运动或经暴晒的病羊，须休息半小时后再测温。健康羊脉搏数 70~80 次/分，健康羊呼吸频率为 12~20 次/分。一般都是胸腹式呼吸，胸壁和腹壁的运动都比较明显，呈节律性运动，吸气后紧接呼气，经短暂间歇，又行下一次呼吸。在正常情况下羊用上唇采食，靠唇舌吮吸把水吸进口内来饮水（表 6-1）。

正常成年羊瘤胃左侧肷窝稍凹陷，瘤胃收缩次数每分钟 2~4 次，听诊瘤胃蠕动音类似沙沙声，在肷窝隆起时最强，以后逐渐减弱（表 6-2）。羊粪呈小而干的球状。羊排尿时，呈坐姿。

表 6-1　羊的体温、呼吸、脉搏（心跳）数值

年龄	性别	体温（℃）		呼吸（次/分）		脉搏（次/分）	
		范围	平均	范围	平均	范围	平均
3~12 月龄	公	38.4~39.5	38.9	17~22	19	88~127	110
	母	38.1~39.4	38.7	17~24	21	76~123	100

（续表）

年龄	性别	体温（℃）		呼吸（次/分）		脉搏（次/分）	
		范围	平均	范围	平均	范围	平均
1岁以上	公	38.1~38.8	38.6	14~17	16	62~88	78
	母	38.1~39.6	38.6	14~25	20	74~116	94

表6-2 羊的反刍情况和瘤胃蠕动次数

年龄	每个食团咀嚼次数		每个食团反刍时间（秒）		反刍间歇时间（秒）		瘤胃蠕动次数（5分钟）	
	范围	平均	范围	平均	范围	平均	范围	平均
4~12月龄	54~100	81	33~58	44	4~8	6	9~12	11
1岁以上	69~100	76	34~70	47	5~9	6	8~14	11

二、羊临床检查方法

（一）问诊

了解羊群和病羊的生活史与患病史，着重了解以下三个方面。一是患羊发病时间和病后主要表现，附近其他羊有无类似疾病发生；二是饲养管理情况，主要了解饲料种类和饲喂量；三是治疗经过，了解用药种类和效果。

（二）视诊

视诊是用眼睛或借助器械观察病羊的异常现象，是识别各种疾病不可缺少的方法，特别是对大羊群中发现病羊更为重要。视诊时，先观察全貌，如精神、营养、姿势等。然后再由前向后察看，即从头部、颈部、胸部、腹部、臀部及四肢等，注意观察体表有无创伤、肿胀等现象。最后让病羊运动，观察步行状态。

（三）触诊

触诊是利用手的感觉进行检查的一种方法，可分为浅部触诊和深部触诊。浅部触诊的方法是检查者将手放在被检部位上轻轻滑动触摸，可以了解被检部位的温度、湿度和疼痛等；深部触诊是用不同的力量对病羊进行按压，以了解病变的性质。

（四）叩诊

叩诊就是叩打动物体表某部，使之振动发出声音，按其声音的性质推断被叩组织、器官有无病理改变的一种诊断方法。常用指叩诊，被叩组织是否含有气体，以及含气量的多少，可出现清音、浊音、半浊音和鼓音。

（五）听诊

直接用耳听取音响的称为直接听诊，主要用于听取病羊的呻吟、喘息、咳嗽、打喷嚏、嗳气、磨牙及高朗的肠音等；用听诊器进行听诊的称为间接听诊，主要用于心脏、肺脏及胃肠检查。

（六）嗅诊

嗅诊就是借嗅觉器官闻病羊的排泄物、分泌物、呼出气、口腔气味以及深入羊舍了解卫生状况，检查饲料是否霉败等的一种方法。

三、羊临床检查指标

（一）体温

（1）发热。体温高于正常范围，并伴有各种症状的称为发热。

（2）微热。体温升高 0.5~1℃ 称为微热。

（3）中热。体温升高 1~2℃ 称为中热。

（4）高热。体温升高 2~3℃ 称为高热。

（5）过高热。体温升高 3℃ 以上称为过高热。

（6）稽留热。体温高热持续 3 天以上，上下午温差 1℃ 以内，称为稽留热，见于纤维素性肺炎。

（7）弛张热。体温日差在 1℃ 以上而不降至常温的，称弛张热，见于支气管肺炎、败血症等。

（8）间歇热。体温有热期与无热期交替出现，称为间歇热，见于血孢子虫病、锥虫病。

（9）无规律发热。发热的时间不定，变动也无规律，而且温差有时不大，有时出现巨大波动，见于渗出性肺炎等。

（10）体温过低。体温低于正常，见于产后瘫痪、休克、虚脱、极度衰弱和濒死期等。

（二）脉搏

检查时，通常用右手的食指、中指及无名指先找到动脉管后，用 3 指轻压动脉管，以感觉动脉搏动，计算 1 分钟的脉搏数（健康羊脉搏数 70~80 次/分）。发热性疾病、各种肺脏疾病、严重心脏病以及贫血等均能引起脉搏数增多。

（三）呼吸

（1）呼吸数增多。临床上能引起脉搏数增多的疾病，多能引起呼吸数增多。另外，呼吸疼痛性疾病（胸膜炎、肋骨骨折、创伤性网胃炎、腹膜炎等）也致呼吸数增多。呼吸数减少，见于脑积水、产后瘫痪和气管狭窄等。

（2）呼吸运动。在病理状态下可出现胸式呼吸（吸气时胸壁运动比较明显）或腹式呼吸（吸气时腹壁的运动比较明显）。吸气后紧接呼气，经短暂间歇，又行下一次呼吸。一般吸气短而呼气略长，可因兴奋、恐惧和剧烈运动等而发生改变。如呼吸运动长时间变化，则是病理状态。临床上常见的呼吸节律变化有潮式呼吸、间歇呼吸、深长呼吸 3 种。

（3）呼吸困难。

①吸气性呼吸困难：吸气用力，时间延长，鼻孔开张，头颈伸直，肘向外展，肋骨上举，肛门内陷，并常听到类似哨声

样的狭窄音。主要是气息通过上呼吸道发生障碍的结果，见于鼻腔、喉、气管狭窄的疾病和咽淋巴结肿胀等。

②呼气性呼吸困难：呼气用力，时间延长，背部拱起，肷窝变平，腹部容积变小，肛门突出，呈明显的二段呼气，于肋骨和软肋骨的结合处形成一条喘沟，呼气越困难喘沟越明显。是肺内空气排出发生障碍的结果，见于细文气管炎和慢性肺气肿等。

③混合性呼吸困难：吸气和呼气都困难，而且呼吸加快。由于肺呼吸面积减少，或肺呼吸受限制，肺内气体交换障碍，致使血中二氧化碳蓄积和缺氧而引起，见于肺炎、胸膜炎等疾病。心源性、中毒性呼吸困难也属于混合性呼吸困难。

（四）采食和饮水

（1）采食障碍。表现为采食方法异常，唇、齿和舌的动作不协调，难把食物纳入口内，或刚纳入口内，未经咀嚼即脱出。见于唇、舌、牙、颌骨的疾病及各种脑病，如慢性脑水肿、脑炎、破伤风、面神经麻痹等。

（2）咀嚼障碍。表现为咀嚼无力或咀嚼疼痛。常于咀嚼突然张口，上、下颌不能充分闭合，致使咀嚼不全的食物掉出口外，见于佝偻病、骨软症、放线菌病等。此外，由于咀嚼的齿、颊、口黏膜、下颌骨和咬肌等的疾病，咀嚼时引起疼痛而出现咀嚼障碍。神经障碍，也可出现咀嚼困难或完全不能咀嚼。

（3）吞咽障碍。吞咽时或吞咽稍后，动物摇头伸颈、咳嗽，由鼻孔逆出混有食物的唾液和水，见于咽喉炎、食管阻塞及食管炎。

（4）饮水。在正常生理状况下饮水多少与气候、运动和饲料的含水量有关。在病理状态下，饮欲可发生变化，出现饮欲增加或减退。饮欲增加见于热性病、腹泻、大出汗以及渗出性胸膜炎的渗出期；饮欲减退见于伴有昏迷的脑病及某些胃肠病。

（五）瘤胃

肷窝深陷，见于饥饿和长期腹泻等。瘤胃臌胀时，上部腹壁紧张而有弹性，用力强压也难以感知瘤胃内容物性状。前胃弛缓时，内容物柔软。瘤胃积食时，感觉内容物坚实。胃黏膜有炎症时，触诊有疼痛反应。瘤胃收缩无力、次数减少、收缩持续时间短促，表示其运动功能减退，见于前胃弛缓、创伤性网胃炎、热性病及其他全身性疾病。听诊瘤胃蠕动音加强，表示瘤胃收缩增强。蠕动音减弱或消失，表示前胃弛缓或瘤胃积食等。

（六）排粪

粪便稀软甚至水样，表明肠消化功能障碍、蠕动加强，见于肠炎等。粪便硬固或粪球干、小，表明肠管运动功能减退或肠肌弛缓，水分大量被吸收，见于便秘初期。褐色或黑色粪表明前部肠胃出血，粪便表面附有鲜红色血液表明后部肠管出血。粪便呈灰白色表明阻塞性黄疸，是由于粪胆素减少所致。粪便酸臭、腐败腥臭时表明肠内容物强烈发酵和腐败，见于胃肠炎、消化不良等。粪便中混有虫体见于胃肠道寄生虫病。

（七）排尿

（1）尿失禁。羊未取排尿姿势，而经常不自主地排出少量尿液为尿失禁，见于腰荐部脊髓损伤和膀胱括约肌麻痹。

（2）尿淋漓。尿液不断呈点滴状排出时称为尿淋漓，是由于排尿功能异常亢进和尿路疼痛刺激而引起，见于急性膀胱炎和尿道炎等。

（3）排尿带痛。羊只排尿时表现痛苦不安、努责、呻吟、回顾腹部和摇尾等，排尿后仍长时间保持排尿姿势。排尿疼痛见于膀胱炎、尿道炎和尿路结石等。

第二节　羊场（舍）的消毒

消毒是指运用各种方法消除或杀灭饲养环境中的各类病原体，减少病原体对环境的污染，切断疾病的传染途径，达到防止疾病发生、蔓延，进而达到控制和消灭传染病的目的。消毒主要是针对病原微生物和其他有害微生物，并不是消除或杀灭所有的微生物，只是要求把有害微生物的数量减少到无害化程度。

一、消毒类型

（一）疫源地消毒

是指对存在或曾经存在过传染病的场所进行的消毒。场所主要指被病源微生物感染的羊群及其生存的环境，如羊群、舍、用具等。一般可分为随时消毒和终末消毒 2 种。

（二）预防性消毒

对健康或隐性感染的羊群，在没有被发现有传染病或其他疾病时，对可能受到某种病原微生物感染羊群的场所环境、用具等进行的消毒，谓之预防性消毒。对养羊场附属部门，如门卫室、兽医室等的消毒属于此类型。

二、消毒剂的选择

消毒剂应选择对人和羊安全、无残留、不对设备造成破坏、不会在羊体内产生有害积累的消毒剂。可选用的消毒剂有石炭酸（酚）、美酚、双酚、次氯酸盐、有机碘混合物（碘伏）、过氧乙酸、生石灰、氢氧化钠、高锰酸钾、硫酸铜、新洁尔灭、松馏油、70%乙醇和来苏儿等。

三、羊场消毒方法

（一）清扫与洗刷

为了避免尘土及微生物飞扬，先用水或消毒液喷洒，然后再清扫。主要清除粪便、垫料、剩余饲料、灰尘及墙壁和顶棚上的蜘蛛网、尘土等。

（二）羊舍消毒

消毒液的用量为 1 升/立方米，泥土地面、运动场为 1.5 升/立方米左右。消毒顺序一般从离门远处开始，以墙壁、顶棚、地面的顺序喷洒一遍，再从内向外将地面重复喷洒 1 次，关闭门窗 2~3 小时，然后打开门窗通风换气，再用清水清洗饲槽、水槽及饲养用具等。

（三）饮水消毒

羊的饮水应符合畜禽饮用水水质标准，对饮水槽的水应隔 3~4 小时更换 1 次，饮水槽和饮水器要定期消毒，为了杜绝疾病发生，有条件者可用含氯消毒剂进行饮水消毒。

（四）空气消毒

一般被污染的羊舍空气中微生物数量在每立方米 10 个以上，当清扫、更换垫草、出栏时更多。空气消毒最简单的方法是通风，其次是利用紫外线杀菌或甲醛气体熏蒸。

（五）消毒池的管理

在羊场大门口应设置消毒池，长度不小于汽车轮胎的周长 2 米以上，宽度应与门的宽度相同，水深 10~15 厘米，内放 2%~3%氢氧化钠溶液或 5%来苏儿溶液和草酸。消毒液 1 周更换 1 次，北方在冬季可使用生石灰代替氢氧化钠。

（六）粪便消毒

通常有掩埋法、焚烧法及化学消毒法几种。

方法是将粪便与漂白粉或新鲜生石灰混合，然后深埋于地下 2 米左右处。对患有烈性传染病家畜的粪便须进行焚烧，方法是挖 1 个深 75 厘米，长、宽各 75~100 厘米的坑，在距坑底 40~50 厘米处加一层铁炉箅子，对湿粪可加一些干草，用汽油或酒精点燃。常用的粪便消毒方法是发酵消毒法。

（七）污水消毒

一般污水量小，可拌洒在粪中堆积发酵，必要时可用漂白粉按每立方米 8~10 克搅拌均匀消毒。

四、注意事项

羊舍、羊圈及用具应保持清洁、干燥，每天清除粪便及污物，堆积制成肥料。饲草保持清洁干燥，不发霉腐烂，饮水要清洁，清除羊舍周围的杂物、垃圾，填平死水坑，消灭鼠、蚊、蝇。

羊舍清扫后消毒，常用消毒药有 10%~20% 的石灰乳和 10% 的漂白粉混悬液。产房在产羔前消毒 1 次，产羔高峰时进行多次，产羔结束后再进行 1 次。在病羊舍、隔离舍的出入口处应放置浸有消毒液的麻袋片或草垫；消毒液可用 2%~4% 氢氧化钠（对病毒性疾病）或 10% 克辽林溶液。

地面消毒可用含 2.5% 有效氯的漂白粉混悬液、4% 甲醛或 10% 氢氧化钠溶液。粪便消毒最实用的方法是生物热消毒法。污水消毒将污水引入污水处理池，加入化学药品消毒。

第三节 羊的剪毛、药浴、驱虫、修蹄

一、羊的剪毛

（一）概述

剪毛有手工剪毛和机械剪毛 2 种。细毛羊、半细毛羊和杂种羊，1 年剪 1 次毛，粗毛羊 1 年剪 2 次毛。剪毛时间与当地气候和羊群膘度有关，最好在气候稳定和羊只体力恢复之后进行，一般北方地区在每年 5—6 月进行。肉用品种羊 1 年剪毛 2~3 次。3 月第一次，8 月末第二次；或在 3 月、6 月、9 月长剪毛 1 次。

（二）方法与步骤

剪毛应从低价值羊开始。同一品种羊，按羯羊、试情羊、

幼龄羊、母羊和种公羊的顺序进行。不同品种羊，按粗毛羊、杂种羊、细毛羊或半细毛羊的顺序进行。患皮肤病和外寄生虫病的羊最后剪，以免传染。剪毛前12小时停止放牧、饮水和喂料，以免剪毛时粪便污染羊毛和发生伤亡事故。

　　羊群较小时多用手工剪毛。剪毛要选择在无风的晴天，以免羊受凉感冒。剪毛时，先用绳子把羊的左侧前后肢捆住，使羊左侧卧地，剪毛人蹲在羊背后，从羊后肋向前肋直线开剪，然后按与此平行方向剪腹部及胸部的毛，再剪前后腿毛，最后剪头部毛，一直把羊的半身毛剪至背中线，再用同样的方法剪另一侧的毛。最后检查全身，剪去遗留的羊毛。

（三）注意事项

　　一是剪刀放平，紧贴羊的皮肤剪，留茬要低而齐，若毛茬过高，也不要重复剪取；二是保持毛被完整，不要让粪土、草屑等混入毛被，以利于羊毛分级、分等；三是剪毛动作要快，翻羊要轻，时间不宜拖得太久；四是尽量不要剪破皮肤，万一剪破要及时消毒、涂药或缝合。

二、羊的药浴

（一）概述

　　剪毛后的10~15天内，应及时组织药浴，以防疥癣病的发生，如间隔时间过长，则毛不易洗透。药浴使用的药剂有0.05%辛硫磷乳油、1%敌百虫溶液、氰戊菊酯（80~200毫克/千克）、溴氰菊酯（50~80毫克/千克），也可用石硫合剂，其配方是生石灰7.5千克，硫黄粉末12.5千克，用水拌成糊状，加水300升，边煮边搅拌，煮至浓茶色为止，沉淀后取上清液加温水1 000升即可。

（二）方法与步骤

　　药浴分池浴（图6-1）、淋浴（图6-2）和盆浴3种。
　　池浴在专门建造的药浴池进行，最常见的药浴池为水泥沟

图 6-1　药浴池药浴

图 6-2　羊淋浴装置

形池，药液的深度以没及羊体为原则，羊出浴后在滴流台上停留 10~20 分钟。

淋浴在特设的淋浴场进行，淋浴时把羊赶入，开动水泵喷淋，经 3 分钟淋透全身后关闭，将淋过的羊赶入滤液栏中，经 3~5 分钟后放出。

盆浴在大盆或缸中进行，用人工方法把羊逐只洗浴。

（三）注意事项

药浴前 8 小时给羊停止喂料，药浴前 2~3 小时给羊饮足水，以防止羊喝药液。药浴应选择暖和无风天气进行，以防羊受凉感冒，浴液温度保持在 30℃ 左右。先浴健康羊，后浴病羊。药浴后 5~6 小时可转入正常饲养。第一次药浴后 8~10 天可重复药浴 1 次。

三、羊的驱虫

（一）驱虫药物

驱虫药物可用阿维菌素、伊维菌素或丙硫咪唑，均按用量说明计算。阿苯达唑 10 毫克/千克体重和盐酸左旋咪唑 8 毫克/千克体重联合用药效果更好。

（二）驱虫时间和方法

在 3—10 月，每 1.5~2 个月拌料驱虫 1 次。母羊驱虫应在产后 5 天驱 1 次，隔 15 天后再驱 1 次，年产 2 胎的驱虫 4 次。妊娠羊禁止驱虫。羔羊在 1 月龄驱虫 1 次，隔 15 天再驱 1 次，用法用量按各药品说明计算。种公羊 1 年 2 次（春、秋），每次间隔 15 天二次用药，用量按各药品说明计算。表 6-3 为羊驱虫时间和使用药物情况，供参考。

表 6-3　羊的驱虫时间和药物使用（仅供中部地区肉羊养殖者参考）

次数	时间	药物	用量及备注
第一次	2 月 15 日	阿苯达唑	10 毫克/千克体重
第二次	4 月 1 日	左旋咪唑	8 毫克/千克体重
第三次	5 月 15 日	阿苯达唑	10 毫克/千克体重
第四次	7 月 1 日	阿苯达唑	10 毫克/千克体重
第五次	8 月 15 日	左旋咪唑	8 毫克/千克体重
第六次	10 月 1 日	阿苯达唑	10 毫克/千克体重

注：妊娠母羊另外执行。如遇到天气变化等情况，时间的前后变更控制在 1 周之内

（三）注意事项

羊驱虫往往是成群进行，在查明寄生虫种类基础上，根据羊的发育状况、体质、季节特点用药。羊群驱虫应先做小群试

验，用新驱虫剂或新驱虫法更应如此，然后再大群实行。

四、羊的修蹄

（一）概述

羊蹄壳生长较快，如不整修，易造成畸形，系部下坐，行走不便而影响采食。所以，绵羊在剪毛后和进入冬牧前宜进行修蹄。

（二）方法与步骤

修蹄一般在雨后进行，这时蹄质软，易修剪。修蹄时让羊坐在地上，羊背部靠在修蹄人员的两腿间，从前蹄开始，用修蹄剪或快刀将过长的蹄尖剪掉，然后将蹄底的边缘修整得和蹄底一样平齐。蹄底修到可见淡红色的血管为止，不要修剪过度。整形后的羊蹄，蹄底平整，前蹄是方圆形。变形蹄需多次修剪，逐步校正。

为了避免羊发生蹄病，平时应注意休息场所的干燥和通风，勤打扫和勤垫圈，或撒草木灰于圈内和门口，进行消毒。如发现蹄趾间、蹄底或蹄冠部皮肤红肿，跛行甚至分泌有臭味的黏液，应及时检查治疗。可用10%硫酸铜溶液或10%甲醛溶液洗蹄1~2分钟，或用5%来苏儿液洗净蹄部并涂以碘酊。

第四节　肉羊的免疫

当地畜牧兽医行政管理部门应根据《中华人民共和国动物防疫法》及其配套法规的要求，结合当地实际情况，制定疫病的免疫规划。羊饲养场根据免疫规划制定本场的免疫程序，并认真实施，注意选择适宜的疫苗和免疫方法。

一、羔羊常用免疫程存

羔羊的免疫力主要从初乳中获得，在羔羊出生后1小时内，保证吃到初乳。对 5 日龄以内的羔羊，疫苗主要用于紧急免疫，一般暂不注射。羔羊常用疫苗和使用方法见表 6-4。

表 6-4　羔羊常用疫苗和使用方法

时间	疫苗名称	剂量（只）	方法	备注
出生 12 小时内	破伤风抗毒素	1 毫升/只	肌内注射	预防破伤风
16~18 日龄	羊痘弱毒疫苗	1 头份	尾根内侧皮内注射	预防羊痘
23~25 日龄	三联四防灭活苗	1 毫升/只	肌内注射	预防羔羊痢疾（魏氏梭菌、黑疫）、猝狙、肠毒血症、快疫
1 月龄	羊传染性胸膜肺炎氢氧化铝菌苗	2 毫升/只	肌内注射	预防羊传染性胸膜肺炎

（一）成羊免疫程序

羊的免疫程序和免疫内容，不能照抄，照搬，而应根据各地的具体情况制定。羊接种疫苗时要详细阅读说明书，查看有效期。记录生产厂家和批号，并严防接种过程中通过针头传播疾病。

经常检查羊只的营养状况，要适时进行重点补饲，防止营养物质缺乏，对妊娠、哺乳母羊和育成羊更为重要。严禁饲喂霉变饲料、毒草和喷过农药不久的牧草。禁止羊只饮用死水或污水，以减少病原微生物和寄生虫的侵袭，羊舍要保持干燥、清洁、通风。

根据本地区常发生传染病的种类及当前疫病流行情况，制定切实可行的免疫程序（表 6-5）。按免疫程序进行预防接种，使羊只从出生到淘汰都可获得特异性抵抗力，增强羊对疫病的抵抗力。

表6-5 成羊免疫程序

疫苗名称	预防疫病种类	免疫剂量	注射部位
	春季免疫		
三联四防灭活苗	快疫、猝狙、肠毒血症、羔羊痢疾	1头份	皮下或肌内注射
羊痘弱毒疫苗	羊痘	1头份	尾根内侧皮内注射
羊传染性胸膜肺炎氢氧化铝菌苗	羊传染性胸膜肺炎	1头份	皮下或肌内注射
羊口蹄疫苗	羊口蹄疫	1头份	皮下注射
	秋季免疫		
三联四防灭活苗	快疫、猝狙、肠毒血症、羔羊痢疾	1头份	皮下或肌内注射
羊传染性胸膜肺炎氢氧化铝菌苗	羊传染性胸膜肺炎	1头份	皮下或肌内注射
羊口蹄疫苗	羊口蹄疫	1头份	皮下注射

注：1. 本免疫程序供生产中参考。

2. 每种疫苗的具体使用以生产厂家提供的说明书为准

二、注意事项

要了解被预防羊群的年龄、妊娠、泌乳及健康状况，体弱或原来就生病的羊预防后可能会引起不良反应，应说明清楚，或暂时不打预防针。对15日龄以内的羔羊，除紧急免疫外，一般暂不注射。预防注射前，对疫苗有效期、批号及厂家应注意记录，以便备查。对预防接种的针头，应做到一头一换。

第五节 肉羊检疫和疫病控制

羊从生产到出售，要经过出入场检疫、收购检疫、运输检疫和屠宰检疫。羊场或养羊专业户引进羊时，只能从非疫区购入，经当地兽医检疫部门检疫，并签发检疫合格证明书；运抵目的地后，再经本场或专业户所在地兽医验证、检疫并隔离观察1个月以上，确认为健康者，经驱虫、消毒，没有注射过疫苗的还要补注疫苗，方可混群饲养。羊场采用的饲料和用具，也要从安全地区购入，以防疫病传入。

一、疫病监测

当地畜牧兽医行政管理部门必须依照《中华人民共和国动物防疫法》及其配套法规的要求，结合当地实际情况，制订疫病监测方案，由当地动物防疫监督机构实施，羊饲养场应积极予以配合。

羊饲养场常规监测的疾病至少应包括口蹄疫、羊痘、蓝舌病、炭疽、布鲁氏菌病。同时，需注意监测外来病的传入，如痒病、小反刍兽疫、梅迪/维斯纳病、山羊关节炎/脑炎等。除上述疫病外，还应根据当地实际情况，选择其他一些必要的疫病进行监测。

根据实际情况由当地动物防疫监督机构定期或不定期对养羊场进行必要的疫病监督抽查，并将抽查结果报告当地畜牧兽医行政管理部门，必要时还应反馈给养羊场。

二、发生传染病羊场的防疫措施

及时发现，快速诊断，立即上报疫情。确诊病羊，迅速隔离。如发现一类和二类传染病暴发或流行（如口蹄疫、痒病、蓝舌病、羊痘、炭疽等）应立即采取封锁等综合防疫措施。

对易感羊群进行紧急免疫接种，及时注射相关疫苗和抗血清，并加强药物治疗、饲养管理及消毒管理。提高易感羊群抗病能力。对已发病的羊只，在严格隔离的条件下，及时采取合理的治疗，争取早日康复，减少经济损失。

对污染的圈、舍、运动场及病羊接触的物品和用具，都要进行彻底的消毒和焚烧处理。对传染病的病死羊和淘汰羊，严格按照传染病羊尸体的卫生消毒方法，进行焚烧后深埋。

三、疫病控制和扑灭

发生传染病时立即封锁现场，驻场兽医及时诊断，并尽快向当地动物防疫监督机构报告疫情。

确诊发生口蹄疫、小反刍兽疫时，羊饲养场应配合当地动物防疫监督机构，对羊群实施严格的隔离、扑灭措施。

发生痒病时，除了对羊群实施严格的隔离、扑杀措施外，还需追踪调查病羊的亲代和子代。

发生蓝舌病时，应扑杀病羊；如只是血清学反应呈现抗体阳性，并不表现临床症状时，需采取清群和净化措施。

发生炭疽时，应焚毁病羊，并对可能的污染点彻底消毒。

发生羊痘、布鲁氏菌病、梅迪/维斯纳病、山羊关节炎/脑炎等疫病时，应对羊群实施清群和净化措施。

全场进行彻底的清洗消毒，病死或淘汰羊的尸体按 GB 16548 进行无害化处理。

四、防疫记录

每群羊都应有相关的生产记录，其内容包括：羊只来源，饲料消耗情况，发病率、死亡率及发病死亡原因，无害化处理情况，实验室检查及其结果，用药及免疫接种情况，消毒情况，羊只发运目的地等。所有记录应妥善保存，并在清群后保存 2 年以上。建立羊卡，做到一羊一卡一号，记录羊只的编号、出生日期、外貌特征、生产性能、免疫、检疫、病历等原始资料。

五、羊场的常用药物

（一）消毒防腐药物

（1）高锰酸钾。用于皮肤、创伤及腔道的冲洗消毒。0.05%~0.1%溶液，用于腔道冲洗；0.1%~0.2%溶液，用于创伤冲洗。

（2）过氧化氢溶液（双氧水）。有抗菌及除臭作用，常用于清洁污秽的陈旧化脓创伤及瘘管等。1%～3%溶液，清洗创伤和瘘管；0.3%～1%溶液，冲洗口腔。

（3）新洁尔灭（苯扎溴）。用于手术器械及皮肤消毒。

0.01%溶液，用于创面、黏膜消毒；0.1%溶液，用于皮肤、手术器械消毒。

（4）氢氧化钠。又称苛性钠，白色干燥颗粒、块或薄片，质坚脆。易溶于水，常用于厩舍、车辆的消毒，也用于羊新生角的腐蚀。2%热水溶液可消除病毒和细菌污染的厩舍、食槽和运输车船；3%～5%溶液可消毒被炭疽污染的地面；5%溶液用于腐蚀皮肤赘生物及新生角质。

（5）生石灰。对繁殖型细菌有一定杀灭作用，但对芽孢无效。常用于厩舍墙壁、畜栏、地面消毒。10%～20%石灰乳，涂刷墙壁、畜栏、地面；1千克加350毫升水，撒布阴湿地面、粪便、污水沟。

（6）漂白粉。又称含氯石灰，白色颗粒状粉末，有氯臭。微溶于水和醇，遇酸分解，久露在空气中能吸收水分变潮而分解失效。其杀菌作用强，但不持久，主要用于厩舍、畜栏、饲槽、车辆等的消毒，0.5%～2%漂白粉混悬液，用于厩舍、场地、车辆、排泄物等的消毒，1升水加0.3～1.5克漂白粉可消毒饮水。

（7）过氧乙酸。无色透明液体，易挥发，有刺激性气味，易溶于水，具有高效、速效和广谱杀菌作用，对细菌、霉菌、病毒均有效。0.5%溶液喷洒消毒畜舍、饲槽、车辆等；每立方米空间用5%溶液2.5毫升消毒封闭的试验室、无菌室、仓库。本品现用现配。

（8）甲醛溶液（福尔马林）。对细菌、芽孢、病毒、霉菌等有强大杀灭作用，主要用于空气消毒。内服也可止酵，治疗瘤胃臌胀。每立方米空间用20毫升本品加20毫升水，加热（或加入12克高锰酸钾），熏蒸消毒；取本品1～5毫升，用水稀释 20~30 倍后内服。

（9）苯酚。又称石炭酸，无色针状结晶，有异臭，能溶于水。0.5%~0.1%浓度能抑制细菌生长，3%~5%浓度可作一般消毒。芽孢和病毒对本品耐受性很强。2%~5%水溶液，可处理污物，消毒用具，并用于环境消毒；1%溶液用于皮肤止痒。本品忌与碘、高锰酸钾、过氧化氢配伍，不宜用作创伤皮肤的消毒。

（10）碘甘油溶液。消毒防腐药，用于口腔黏膜、舌黏膜、齿龈及阴道黏膜等处的炎症和溃疡。含5克碘，5克碘化钾，100毫升甘油，外用。

（11）乙醇（酒精）。用于皮肤及小器械的消毒。配成70%~75%溶液，外用。

（12）碘酊。用于外科手术前或注射时皮肤的消毒。配成5%的溶液，外用。

（13）百毒杀。可杀灭主要病原菌、病毒和部分虫卵，有除臭和清洁作用。主要用于厩舍、用具及环境的消毒，也用于饮水的消毒。常规消毒：0.05%溶液，浸泡、洗涤、喷洒；用具和环境消毒：1毫升/3升水，洗涤、喷洒；饮水消毒：1毫升/10~20升水。

（二）抗微生物药物

（1）注射用青霉素钾（钠）。主要用于革兰氏阳性细菌感染，如链球菌病、葡萄球菌病、炭疽、螺旋体病、脓肿、子宫炎、创伤感染、乳房炎等。10 000~15 000单位/千克体重，肌内注射，1天2~3次。本品不宜与四环素、土霉素、卡那霉素、庆大霉素、多黏菌素等抗生素或磺胺类药物混合使用。葡萄球菌易产生耐药性。

（2）注射用普鲁卡因青霉素。作用同注射用青霉素克钾（克钠），但作用较为持久。10 000~15 000单位/千克体重，肌内注射，1次/天。本品遇酸、碱、氧化剂会迅速失效。

（3）注射用氨苄青霉素钠（氨苄西林钠）。为广谱半合成青霉素。可用于杀灭链球菌、葡萄球菌、炭疽杆菌、布鲁氏菌、巴氏杆菌、大肠杆菌和沙门杆菌病等。败血症，用 2~7 毫克/千克体重，肌内注射，1~2 次/天。对革兰氏阳性菌的效力不如青霉素，对革兰氏阴性菌的效力不如庆大霉素、卡那霉素和多黏菌素。

（4）注射用氨苄青霉素钠（卡比西林）。抗菌谱与氨苄青霉素钠相似，但对绿脓杆菌和变形杆菌的作用较强。主要用于绿脓杆菌、大肠杆菌、变形杆菌引起的感染及败血症，2~7 毫克/千克体重，肌内注射，2~3 次/天。静脉注射 5~35 毫克/千克体重/次，用于绿脓杆菌的全身感染。本品可与庆大霉素联合应用治疗严重的绿脓杆菌感染，但不能与庆大霉素混合注射。

（5）苯唑青霉素钠（苯唑西林钠）。又称新青霉素Ⅱ，主要用于对青霉素耐药的葡萄球菌等感染，也可用于烧伤创面感染、泌尿道感染和肠炎等。肌内注射，每千克体重 1 次量为 10~15 毫克，1 天 2~4 次；片剂每片 0.25 克，胶囊剂每粒 0.25 克；内服每千克体重 1 次量为 10~15 毫克，1 天 2~4 次。

（6）注射用硫酸卡那霉素。对大肠杆菌、沙门菌等大多数革兰氏阴性菌有较强的抗菌作用，可用于呼吸道、泌尿道、肠道感染和乳房炎。按 10~15 毫克/千克体重，肌内注射，1 天 2 次。本品易产生耐药性，且不宜与其他抗生素配伍使用。

（7）注射用盐酸土霉素。为广谱抗生素，对革兰氏阳性菌和阴性菌都有抑菌作用，对支原体、衣原体、立克次体、螺旋体等也有抑制作用。可用于防治巴氏杆菌、布鲁氏菌、炭疽、沙门杆菌、大肠杆菌病，也可用于治疗子宫炎、坏死杆菌等引起的局部疾病；按 2.5~5.0 毫克/千克体重，静脉或肌内注射，2 次/天。忌与碱性溶液混合。

（8）注射用硫酸链霉素。主要对革兰氏阴性菌和结核杆菌有杀灭作用。主要用于治疗结核病及呼吸道、消化道的革兰氏阳性和阴性菌的感染，如肺炎、肠炎、乳房炎、败血症等。

（9）硫酸庆大霉素注射液。可用于多种革兰氏阳性和阴性菌的感染，如肺炎、败血症、肠炎、乳房炎、腹膜炎等。1 000~1 500单位/千克体重，肌内注射，1天2次。对肾脏有损害，肾功能不全者慎用。

（10）头孢噻吩钠（先锋霉素 I）。为广谱半合成抗生素，对革兰氏阳性和阴性菌均有杀灭作用，对革兰氏阳性菌的作用比阴性菌强，可用于金黄色葡萄球菌、链球菌、大肠杆菌、沙门杆菌、巴氏杆菌、李斯特菌、放线菌、钩端螺旋体病等的治疗。主要用于治疗对青霉素耐药的金黄色葡萄球菌及革兰氏阴性菌引起的呼吸道疾病、乳房炎、败血症。按10~20毫克/千克体重，肌内注射，1天1~2次。本品不宜与庆大霉素合用。

（11）头孢噻啶（先锋霉素 II）。抗菌作用与头孢噻吩钠相似，但对革兰氏阳性菌的作用比头孢噻吩钠强。其用法同头孢噻吩钠。肾功能不全的动物慎用。不能与庆大霉素等氨基苷类抗生素联用。

（12）复方长效土霉素。包括米10、特效米光等，两者均为复方长效盐酸土霉素注射液，盐酸土霉素含量分别为10%、20%。琥珀色透明澄清液体，有硫黄臭味。长效制剂，肌内注射后药效在48小时内可达高峰，在体内可维持4天，对丹毒、乳腺炎、肺炎、喘气病等疾病有效。肌内注射，每千克体重20毫克，一般注射1次，严重者3~5天后再注射1次；眼膏，含土霉素0.5%，外用；软膏，含土霉素3%，外用。

（13）注射用盐酸四环素。抗菌谱同注射用盐酸土霉素，但对革兰氏阳性菌不如金霉素，对革兰阴性菌不如土霉素。用法同注射用盐酸土霉素。不宜进行肌内注射，静脉注射时应防止漏出血管。

（14）注射用酒石酸泰乐菌素。对革兰氏阳性菌和一些革兰氏阴性菌有抑制作用。对支原体特别有效，常见的敏感菌包括金黄色葡萄球菌、化脓性链球菌、化脓棒状杆菌等。按2~10毫克/千克体重，皮下或肌内注射，1天1次。

（15）克霉唑（抗真菌1号，三苯甲咪唑）。为广谱抗真菌药物。可用于各种深部真菌感染和皮肤真菌感染。严重感染应与两性霉素 B 联合使用。片剂：1.5~3 克，分两次内服，药水：浓度为 1.5%，涂于患处，1 天 2~3 次；软膏；浓度为涂于患处，1 天 2~3 次。

（16）磺胺嘧啶。是临床最常用的磺胺类药物。对溶血性链球菌、肺炎双球菌、脑膜炎双球菌、沙门杆菌、大肠杆菌的作用较强，也用于弓形虫病。磺胺嘧啶片：首次量 0.14~0.2 克/千克体重，维持量 0.07~0.01 克/千克体重，静脉或肌内注射，1 天 2 次。本品内服应加服等量的碳酸氢钠，注射液不宜与酸性药物配伍，不应用 5%葡萄糖注射液稀释。

（17）磺胺间甲氧嘧啶（长效磺胺 C，制菌磺）。对大多数革兰氏阳性和阴性菌都有抑制作用，主要用于敏感菌引起的消化道、呼吸道及泌尿道感染。磺胺间甲氧嘧啶内注射液：0.05克/千克体重，静脉或肌内注射，1 天 1~2 次。

（18）环丙沙星。为广谱性抗菌药。对大多数革兰氏阴性菌的抗菌作用强，对革兰阳性菌、支原体等也有较强的抗菌作用，并且不易产生耐药性。主要用于全身感染、呼吸道、消化道、泌尿道、皮肤软组织感染及支原体病等。乳酸环丙沙星注射液：2.5 毫克/千克体重，肌内注射；2 毫克/千克体重，静脉注射；1 天 2 次。盐酸环丙沙星注射液：2.5~5 毫克/千克体重，静脉或肌内注射，1 天 2 次。

（19）恩诺沙星（乙基环丙沙星）。为广谱抗菌药，除对细菌有效外，对支原体的效力比泰乐菌素、硫黏菌素强，并且无交叉耐药性。主要用于大肠杆菌、沙门杆菌、巴氏杆菌、链球菌、葡萄球菌、支原体等引起的呼吸道、消化道、泌尿生殖道和创伤感染。恩诺沙星口服液：2.5 毫克/千克体重，内服，1天 2 次；恩诺沙星注射液：2.5 毫克/千克体重，肌内注射，1天 2 次，连用 3 天。

（20）杆菌肽锌。本品对大多数革兰阳性菌有较强的抗菌活性，包括金黄色葡萄球菌、链球菌、产气荚膜梭菌等。主要用于防治肠道感染及耐药金黄色葡萄球菌引起的败血症、肺炎，以及皮肤、黏膜、乳房等局部感染。按每1 000千克饲料加入5~50克药物混合饲喂羔羊。

（三）抗寄生虫药物

（1）敌百虫。驱除胃肠道线虫，也用于杀灭体外寄生虫。精制敌百虫片：80~100毫克/千克体重，内服；用于杀羊鼻蝇蛆，可按50~75毫克/千克体重进行口服，或用1.5%~2%溶液喷鼻，或以75毫克/千克体重的量皮下注射，也可用24%的溶液进行大群喷雾杀灭第1期幼虫；用于防治痒螨或疥螨病，可用1%~3%的溶液喷雾，也可用0.5%的溶液进行药浴。本品禁止与碱性的药物或水质合用。动物在用药7天内不得屠宰供人食用。

（2）蝇毒磷。白色结晶粉末，微溶于水；常温下性质稳定，在碱环境中逐渐水解，对各种蜱、疥蛾、蚤、羊虱蝇、厩舍内蚊蝇均有良好的灭杀作用，对蜱卵亦有灭杀作用。按每千克体重1次量为100毫克内服。磷乳粉（含蝇毒磷20%）外用，杀灭疥螨、蜱类，用水配成浓度为0.05%的溶液，喷洒；杀灭虱、蚤、虻和羊皮蝇，可配成浓度为0.025%的溶液，喷洒；蝇毒磷乳油（含蝇毒磷10%）外用，杀灭疥螨、蜱，用0.05%溶液喷洒；杀灭虱、蚤、虻、羊虱蝇用0.025%溶液喷洒。药浴时间为1分钟。

（3）左旋咪唑（左咪唑）。用于驱除胃肠道线虫、肺线虫等，但对幼虫效果差。盐酸左咪唑片：7.5毫克/千克体重，内服；磷酸左旋咪唑片：8毫克/千克体重，内服；盐酸左旋咪唑注射液：7.5毫克/千克体重，肌肉或皮下注射；磷酸左旋咪唑注射液：8毫克/千克体重，肌肉、皮下注射。在用有机磷药物和乙胺嗪驱虫后14天内不得使用，用药后28天内不得屠宰供人食用，本品不能用于产奶羊。

（4）甲噻嘧啶（甲噻吩嘧啶）。用于驱除胃肠道线虫。10毫克/千克体重，内服。本品应避光、密闭保存，禁止与含铜、含碘的制剂并用。用药后 3 天内不得屠宰供人食用。

（5）丙硫苯咪唑片（抗蠕敏）。驱除胃肠道寄生虫的成虫及幼虫、肺线虫、莫尼茨绦虫、肝片吸虫成虫，对羊脑包虫（多头蚴）也有一定效果。5～15 毫克/千克体重，内服。注意：妊娠 45 天内的母羊禁用；长期连续用药寄生虫可能产生耐药性；在用药后 10 天内不得屠宰供人食用。

（6）硫苯咪唑片。用于驱除胃肠道线虫和绦虫。7.5 毫克/千克体重，内服。本品应避光保存。不能在使用驱肝片吸虫后 14 天内使用。不得用于产奶羊。

（7）甲苯咪唑片。用于驱除胃道线虫、肺线虫、绦虫。5 毫克/千克体重，内服。在用药后 7 天内不得屠宰供人食用，2 天内的奶不能供人食用。

（8）苯硫苯咪唑片。用于驱除胃肠道线虫和绦虫。5 毫克/千克体重，内服。

（9）盐酸噻咪唑（驱虫净）。用于驱除胃肠道线虫；但比左旋咪唑驱虫活性差。盐酸噻咪唑注射液：10～12 毫克/千克体重，肌肉下注射，盐酸噻咪唑片：10～20 毫克/千克体重，内服。

（10）硫酸铜。蓝色结晶、颗粒或粉末，有风化性，易溶于水。本品为驱虫药，对羊莫尼茨绦虫、捻转血矛线虫有效。1% 硫酸铜溶液，内服，1 次量为绵羊 1～3 月龄，15～30 毫升；3～6 月龄，30～45 毫升；6～10 月龄，40～80 毫升；10 月龄以上为 80～100 毫升；山羊量酌减，成年山羊不超过 600 毫升。驱虫浓度不宜高于 1%；在每升溶液中加 2～4 毫升纯盐酸可提高药效；用药前停食 12～15 小时，隔 10～15 天再服 1 次；中毒时可灌大量清水或给氧化镁解毒。

（11）伊维菌素。广谱高效驱虫药；对线虫、昆虫、螨均有驱杀作用。可用于胃肠道线虫病、羊鼻蝇蛆、羊痒螨等病，对蜱、蚊、库蠓等均有杀灭作用，但对吸虫和绦虫均无驱杀作用。伊维菌素注射剂：0.2 毫克/千克体重，皮下伊维菌素注射剂：

0.2毫克/千克体重，皮下注射，3周后重复注射1次；伊维菌素片：0.2毫克/千克体重，内服连续使用7天。本品注射有局部反应。用后21天内不得屠宰供人食用，期间所产的奶也不得供人食用。

（12）氯氰碘柳胺。为广谱、高效、低毒驱虫药。对肝片吸虫、胃肠道线虫、羊狂蝇蛆等节肢动物的幼虫均有驱杀作用。氯氰碘柳胺片：10毫克/千克体重，内服。氯氰碘柳胺混悬液：10毫克/千克体重，内服。气氰碘柳胺注射液：5毫克/千克体重，皮下注射。本品不得同时使用其他含氯化合物。用药后28天内不得屠宰供人食用，期间所产的奶也不得供人食用。

（13）吡喹酮片。广谱驱虫药，可用于驱除多种吸虫、血吸虫、绦虫和囊尾蚴病。治疗血吸虫病：60毫克/千克体重；治疗绦虫病：10~20毫克/千克体重；治疗细颈囊尾蚴：75毫克/千克体重（连用3天），内服。

（14）莫能菌素预混剂。为抗生素类广谱抗球虫药。可用于羊的球虫病和弓形虫病。用于防治羔羊球虫病：按每1 000千克饲料加入20~30克，混合饲喂；治疗绵羊弓形虫病，每头动物15克/天。本品不得与其他抗球虫药以及泰妙菌素等并用。配料时要注意人员防护，忌与皮肤、眼睛接触。在屠宰前需停药3~5天。

（15）溴氰菊酯溶液。具有触毒和胃毒杀虫作用的杀虫药。对体外寄生虫，如蜱、虱、蚊、蝇、羊鼻蝇、羊痒螨等都具有良好的灭杀作用，主要用于防治体外寄生虫。5~15毫克/升水，药浴。对鱼类等冷血动物毒性较大，残余药物勿倒入河流。用药后7天内不得屠宰供人食用。

（16）氰戊菊酯（速灭杀丁）。是具有触毒和胃毒作用的广谱杀虫药。对羊蜱、螨、虱、蚤都有良好的杀灭作用。主要用于驱杀体外寄生虫。配成200~500毫克/升的溶液，喷淋。对鱼和蜜蜂有剧毒，残液切勿倒入鱼塘。

（四）其他药物

（1）己烯雌酚。无色结晶或白色结晶性粉末，难溶于水，本品为雌激素类药，主要用于发情不明显时催情，也可治疗子宫内膜炎、子宫蓄脓、胎衣不下及死胎等；还可作为羊的促生长用药。片剂内服，1 次量 3～10 毫克；注射液肌内注射，1 次量 1～3 毫克。

（2）垂体促滤泡素。又称卵泡刺激素，白色或类白色冻干块状物或絮状粉末。促性腺素类药，能促进母畜卵巢滤泡发育，与促黄体素合用可促进雌性激素分泌而引起母畜发情，对公畜能促进精子生成。临用时用生理盐水稀释后注射。剂量大，易引起卵巢囊肿或超数排卵。

（3）黄体酮孕酮。白色结晶粉末，不溶于水，溶于油剂。本品为雌激素类药，主要用于治疗习惯性流产、先兆流产或促进母畜周期发情，也用于治疗卵巢囊肿。注射液肌内注射 1 次量 15～25 毫克；复方黄体酮注射液，每毫升含黄体酮 20 毫克、雌二醇 2 毫克，用量同黄体酮，疗效较好。

（4）丙酸睾丸素。又称丙睾酮，为白色结晶或结晶性粉末，不溶于水，溶于油。用于雄性动物雄性激素缺乏所引起的疾病，如睾丸发育不全、性欲不旺等。注射液肌肉或皮下注射，1 次量 100 毫克。

（5）氯化钠注射液（生理盐水）。为含 0.9% 氯化钠的等渗溶液，用于防治各种原因导致的低钠综合征。外用可用于洗眼、鼻和伤口等。250～500 毫升，静脉注射，1 天 1 次。

（6）葡萄糖氯化钠注射液。为含 5% 葡萄糖、0.9% 氯化钠溶液。除用于治疗低钠综合征外，还有供给机体能量和解毒素的作用，用法同上。

（7）5% 碳酸氢钠注射液。增加体内碱的储备，迅速纠正酸中毒。是治疗酸中毒的首选药，也用于碱化尿液、防止磺胺药对肾脏的损害及提高庆大霉素对泌尿道感染的疗效。50～100 毫升，静脉注射。注意本品不能与酸性药物，以及硫酸镁、复方氯化钠等含钙、镁离子的注射液共用。

（8）氯化钾注射液。用于维持细胞内液渗透压和机体酸碱平衡，维持神经、肌肉的兴奋性和心脏的自律性作用；用于低钾血症和洋地黄中毒的解救。5~10毫升，用5%~10%葡萄糖注射液将其稀释为0.1%~0.3%浓度后静脉滴注；动物尿量少或尿闭未得到改善时禁用。滴速不宜过快。

（9）复方氯化钾注射液。为含有0.28%氯化钾、0.42%氯化钠和0.63%乳酸钠的溶液，用于补钾或纠正一般酸中毒。250~500毫升，静脉滴注。

（10）氯化钙注射液。为钙离子补充药。主要用于急、慢性缺钙引起的骨软病或佝偻病等，也可用作镁离子中毒的解毒剂。1~5克静脉注射。注射必须缓慢并严防漏出血管。在使用洋地黄或肾上腺素期间忌用钙剂。

（11）葡萄糖酸钙注射液。作用氯化钙注射液，但对组织的刺激性较小，注射较为安全。5~15克静脉注射。注射必须缓慢并严防漏出血管。

（12）维生素C。又称抗坏血酸，白色或略带淡黄色的结晶性粉末，易溶于水和酒精；在碱性溶液或金属容器内加热易破坏，在空气中也易氧化失效。具有抗炎、抗过敏和解毒功能。主要用于维生素C缺乏症，铅、汞、砷、苯等的慢性中毒以及风湿性疾病、药疹、荨麻疹和高铁血红蛋白症等；对急、慢性感染症，各种贫血、肝胆疾病，心源性和感染性休克等，可用作辅助治疗药；还可促进创伤愈合，也可用于治疗牛羊的不孕症。注射液静脉、肌肉、皮下注射，1次量0.2~0.5克。

（13）鱼肝油。黄色或橙红色的油状液体，微有特异的鱼腥味，每1克内含维生素A 1 500单位、维生素D 150单位以上，内服，1次量10~30毫升。每克浓色肝油内含维生素A 5万~6.5万单位、维生素D 1万~1.3万单位，每百千克体重内服1次量0.5~0.6毫升。

（14）维生素D。维持体内钙、磷的正常代谢，用于维生素

D 缺乏引起的骨软病、佝偻病等疾病。维生素 D 片：按 30~30 国际单位/千克体重混饲，必要时可增加到 200~300 国际单位/千克体重；维丁胶性钙注射液：5 000~20 000 国际单位，肌内注射；维生素 D3 注射液：15 万~30 万国际单位/100 千克体重，肌内注射。维生素 D 中毒可使动物肾小管严重钙化，发生尿毒症死亡。

（15）醋酸维生素 E 注射液（生育酚）。可抑制组织生理氧化作用，维持生殖器官、神经系统和横纹肌的正常机能。用于维生素 E 缺乏引起的白肌病、不孕症和肺炎等。成年羊：5~20 毫克/千克体重，肌肉或皮下注射；羔羊：0.1~0.5 克/千克体重，隔天肌内注射。

（16）亚硒酸钠注射液。用于防治由于缺硒引起的羔羊白肌病。1~2 毫克/千克体重，肌内注射。

（17）阿托品注射液。本品为有机磷中毒的特效解毒药0.45~0.65 毫克/千克体重，先静脉注射 1/4 的量，余量视情况作皮下或肌内注射。对严重中毒的病例应配合使用解磷定或氯磷定。

（18）亚硝酸钠注射液。用于解救氰化物中毒，作用比大剂量亚甲蓝强。0.1~0.2 克/千克体重，静脉注射。为增强解毒效果，应配合使用硫代硫酸钠。用量过大会导致亚硝酸盐中毒。

六、羊场的常用疫苗制剂

（一）羊大肠杆菌活疫苗

羊大肠杆菌病灭活疫苗是用免疫原性良好的大肠埃希氏菌，接种于适宜的培养基培养，收获培养物，用甲醛溶液灭活，加氢氧化铝胶（或不加氢氧化铝胶）制成，用于预防羊大肠杆菌病。本品用于预防羊大肠杆菌病，怀孕母羊禁用。3 个月以上的绵羊，每只皮下注射疫苗 2 毫升53 个月龄以下如需注射，每只用量 0.5~1 毫升。本品的免疫持续期为 5 个月。2~8℃保存，有效期为 18 个月。

（二）羊气肿疽灭活疫苗

气肿疽灭活疫苗是用免疫原性良好的气肿疽杆菌，接种于适宜的培养基培养，培养物用甲醛溶液灭活，加入钾明矾（甲醛苗不加）制成，可用于预防羊气肿疽。本品静置后，上层为棕黄色或淡黄色澄明液体，下层有少量灰白色沉淀，振摇后呈均匀混浊液。可用于预防羊气肿疽。本品不论年龄大小，皮下均注射 1 毫升。2~8℃保存，有效期为 2 年；室温保存，有效期为 14 个月。

（三）羊肉毒梭菌（C 型）灭活疫苗

肉毒梭菌（C 型）灭活疫苗是用免疫原性良好的 C 型肉毒梭菌，接种于适宜的培养基培养，培养物经甲醛溶液灭活脱毒后，加氢氧化铝胶制成。可用于预防羊的 C 型肉毒梭菌中毒症。本品静置后，上层为橙色透明液体，下层为灰白色沉淀，振摇后呈均匀混浊液。可用于预防羊的 C 型肉毒梭菌中毒症。绵羊皮下注射 4 毫升，用时充分摇匀。对于透析培养苗，绵羊 1 毫升。本品的免疫持续期为 1 年。2~8℃保存，有效期为 3 年。

（四）羊黑疫、快疫灭活疫苗

本品是用免疫原性良好的魏氏梭菌和腐败梭菌，分别接种于适宜的培养基培养，培养物经甲醛溶液灭活脱毒后，按比例混合，加氢氧化铝胶制成，用于预防羊的黑疫和快疫。本品静置后，上层为棕色透明液体，下层为灰白色沉淀。振荡后呈均匀的混浊液。用于预防绵羊的快疫和黑疫。不论绵羊年龄大小，一律肌肉或皮下注射疫苗 5 毫升。免疫期为 1 年。保存，有效期为 2 年。

（五）羊流产衣原体灭活疫苗

羊流产衣原体灭活疫苗是用羊流产衣原体强毒株接种鸡胚，收获鸡胚培养物，经甲醛溶液灭活，与油乳剂混合乳制成。可用于预防绵羊衣原体引起的流产。本品为乳白色带黏滞性均匀乳浊液，经贮存后，允许液面上有少量油相和瓶底部少量的水相，振摇即成均匀乳状液。并按以下方法进行检验。

剂型：用注射器或吸管吸取乳剂，让其自由滴入冷水面上，以乳剂不分散为合格。稳定性：将乳剂苗装入离心管内，以3 000转/分离心15分钟，乳状浓不分层为合格。每只羊皮下注射3毫升。对绵羊的免疫期为2年。4～10℃冷暗处保存，有效期为1年。

（六）羊布鲁氏菌病灭活疫苗

本品是用羊种布鲁菌M5或M5-90弱毒菌株，接种于适宜培养基培养，将培养物加适当稳定稀释液后迅速溶解。可经皮下、滴鼻、气雾法免疫，也可采用口服法免疫。羊皮下注射10亿菌，滴鼻10亿菌，室内气雾10亿菌，室外50亿菌，口服250亿菌。免疫持续期为3年。冻干苗在0～8℃保存，有效期为1年。

使用本品注意下列事项：免疫接种时间在配种前1～2个月进行较好，妊娠期母羊及种公羊不进行预防接种；本疫苗对人有一定致病力，制苗及预防接种工作人员，应做好防护，避免感染或引起过敏反应。

（七）伪狂犬病灭活疫苗

本品为微黄色海绵状疏松团块，加PBS液（磷酸缓冲液）后迅速溶解，呈均匀的混悬液。按瓶签注明的说明，用稀释液稀释为每一头剂1毫升，肌内注射。4月龄以上绵羊，注1头剂。注射后第6天产生免疫力，免疫期为1年。本品在-20℃以下保存，有效期为18个月；在2～8℃时为9个月；在10～30℃暗处保存应不超过1个月。

（八）羊快疫、猝狙、肠毒血症三联灭活疫苗

本品是用免疫原性良好的腐败梭菌和产气荚膜梭菌C型（或B型）、D型菌种，接种于适宜的培养基培养，培养物经甲醛灭活脱毒后，加氢氧化铝胶制成，用于预防羊快疫、羊猝狙、肠毒血症。如用B型代替C型菌种，还可预防产气荚膜梭菌引

起的羔羊痢疾。本品静置后，上层为黄褐色透明液体，下层为灰白色沉淀，振摇后呈均匀混浊液。用时摇匀，不论羊只年龄大小，一律肌肉或皮下注射疫苗5毫升。用于预防羊快疫、羊猝狙、肠毒血症，免疫持续期为6个月，用6型菌种生产的三联疫苗，快疫、羔羊痢疾、猝狙的免疫持续期为1年；肠毒血症为6个月。2~4℃保存，有效期为2年。

（九）羊口蹄疫O型、A型活疫苗

本品是用口蹄疫O型、A型鼠化弱毒株接种乳兔，收获含毒组织，磨碎，将病毒浸出被加适当稳定剂制成的液体苗，用于预防口蹄疫。本品为暗红色液体，静置后瓶底有部分含毒组织沉淀，振摇后呈均匀混悬液。疫苗注射前应充分摇匀，肌肉或皮下注射，剂量如下：4个月以下的羔羊不注射，4~12月龄注射0.5毫升，12月龄以上注射1毫升。疫苗注射后14天产生免疫力，免疫持续期为4~6个月。2~6℃保存，不超过5个月；20~22℃保存，限7天内用完。

使用本品应注意以下事项。

（1）经常发生疫情地区的易感动物，第1年注射2次，以后每年注射1次即可。

（2）在疫区注射疫苗后，防疫人员的衣物、交通工具及器械等应严格消毒处理后，才能参加其他地区的预防注射工作，以免机械性带毒传染与注射反应混淆不清。注射疫苗用过的注射器及疫苗瓶应煮沸消毒。

（3）运输途中应避免阳光直接照射，冬季应防止疫苗结冰。如果结冰，必须放在15~20℃条件下自行融化，不允许用火烤或热水融化。

（十）羊链球菌病灭活疫苗

本品是用羊源链球菌弱毒菌株接种于适宜的培养基培养，在培养物中加入稳定剂，经冷冻真空干燥制成，用于预防由链球菌引起的羊败血性链球病。本品为淡黄色海绵状疏松团块，易与瓶壁脱离，加稀释液后迅速溶解。按瓶签注明的头份，用生理盐水稀释。6月龄以上羊只，一律尾根皮下（不得在其他部位）注射1毫升。气雾免疫时以蒸馏水稀释。露天气雾每只羊按3亿个菌计算，室内气雾每只羊按3 000万个菌计算（每平方米面积容纳4只羊，需1.2亿个活菌）。免疫持续期为1年。15℃以上保存，有效期为2年。本品必须采取冷藏运输，疫苗经稀释后限6个小时内用完，特别瘦弱的羊和病羊不能使用，注射部位要严格消毒，注射后如有严重反应，可用抗生素治疗。

（十一）　山羊痘灭活疫苗

山羊痘活疫苗是用免疫原性良好的山羊痘弱毒株接种敏感细胞，收获细胞培养物，加适当稳定剂，经冷冻真空干燥制成，可用于预防绵羊痘。本品为微黄色海绵状疏松团块，易与瓶壁脱离，加生理盐水后迅速溶解。按瓶签注明头份，用生理盐水（或注射用水）稀释，不论羊只大小，一律在尾根内侧或股内侧皮内注射0.5毫升。注苗后4~5天可产生免疫力。免疫持续期均为1年。在2~8℃保存，有效期为18个月；在16~26℃保存，有效期为6个月。

使用本品应注意以下事项。

（1）本品可用于不同品系和不同龄的绵羊，也可用于孕羊。但给怀孕羊注射时应避免抓羊引起的机械性流产。

（2）在有羊痘流行的羊群中，可用本品对未发痘的健康羊进行紧急接种。

（3）稀释后的疫苗须当天用完。

第六节　羊病的预防措施

羊发生疾病的原因是多种多样的，其根本原因是由羊的机体状况和外界各种致病因素共同影响的结果。羊病防治，必须坚持"预防为主"的方针。应加强饲养管理，搞好环境卫生，做好防疫、检疫工作，坚持定期驱虫和预防中毒等综合性防治措施。

一、加强饲养管理

（一）坚持自繁自养

羊场或养羊专业户应选养健康的良种公羊和母羊，自行繁殖，以提高羊的品质和生产性能，增强对疾病的抵抗力，并可减少入场检疫的劳务，防止因引入新羊带来病原体。

（二）合理组织放牧

牧草是羊的主要饲料，放牧是羊群获得其营养的重要方式。因此，合理组织放牧，与羊的生长发育好坏和生产性能的高低有着十分密切的关系。应根据牧区草场的不同情况，以及羊的品种、年龄、性别的差异，分别编群放牧。为了合理利用草场，减少牧草浪费和减少羊群感染寄生虫的机会，应推行划区轮牧制度。

（三）适时进行补饲

羊的营养需要主要来自放牧，但当冬季草枯萎、牧草营养下降或放牧采食不足时，必须进行补饲，特别是对正在发育的幼龄羊、怀孕期和哺乳期的成年母羊补饲尤其重要；种公羊如仅靠平时放牧，营养需要难以满足，在配种期更需要保证较高的营养水平，因此，种公羊多采取舍饲方式，并按饲养标准喂养。

（四）妥善安排生产环节

养羊的主要生产环节是剪毛、梳绒、配种、产羔与育羔、羔羊断奶的分群。每一生产环节的安排，都应尽量在较短时间内完成，以尽可能增加有效放牧时间，如某些环节影响放牧时，要及时给予适当的补饲。

二、搞好环境卫生及消毒

养羊的环境卫生好坏，与疫病发生有密切的关系，环境污秽，有利于病原体滋生和疫病的传播。

（一）日常卫生

羊舍、羊圈、场地及用具等应保持清洁、干燥，每天需进行清除圈舍、场地的粪便及污物，将粪便及污物堆积发酵，30天左右可作为肥料使用；羊的饲草，应当保持清洁、干燥，不能用发霉的饲草、腐烂的粮食喂羊；饮水也要清洁，不能让羊饮用污水和冰冻水。

（二）羊舍消毒

首先要进行羊舍清扫，然后用消毒液消毒。消毒液的用量，以羊舍内每平方米面积用1升药液计算。常用的消毒液有10%~20%的石灰乳和10%的漂白粉溶液，消毒方法是将消毒液盛于喷雾器内，先喷洒地面，然后喷墙壁再开门窗通风，用清水刷洗饲槽、用具，将消毒药味除去。在一般情况下，每年可进行2次（春、秋各1次）。产房的消毒，在产羔前应进行1次，产羔高峰时进行多次，产羔结束后再进行1次。在病羊舍、隔离舍的出入口处应放置浸有消毒液的麻袋片或草垫；消毒液可用2%~4%的氢氧化钠溶液。

（三）地面土壤消毒

土壤表面消毒可用含2.5%有效氯的漂白粉溶液、4%福尔马林或10%氢氧化钠溶液。尤其对停放过芽孢杆菌所致传染病（如炭疽）病羊尸体的场所，更应严格加以消毒。

（四）粪便消毒

羊的粪便消毒方法有多种，最实用的方法是生物热消毒法：将羊粪堆积起来，上面覆盖10厘米厚的沙土，堆放发酵30天左右，即可用作肥料。

（五）污水消毒

最常用的方法是将污水引入污水处理池，加入化学药品（如漂白粉或生石灰）进行消毒。消毒药的用量视污水量而定，一般 1 升污水用 2~5 克漂白粉。

(六) 皮毛消毒

患炭疽、口蹄疫、布氏杆菌病、羊痘、坏死杆菌病等的羊的皮毛均应消毒。应当注意，严禁从患有炭疽羊的尸体上剥皮；在储存的原料中即使只发现 1 张患炭疽病的羊皮，则整堆与它接触过的羊皮均应加以消毒。

三、做好检疫，防止疫病传入

应用诊断方法，对羊及其产品进行疫病检查，并采取相应的措施，以防疫病的发生和传播。在检疫工作中，尤其要对羊流通各环节中做到层层检疫，杜绝疫病的传播蔓延。羊从生产到出售，要经过出入场检疫、收购检疫、运输检疫和屠宰检疫，羊场或养羊专业户引进羊时；只能从非疫区购入，经当地兽医检疫部门检疫，并签发检疫合格证明书；运抵目的地后，再经本场或专业户所在地兽医充分检疫并隔离观察 1 个月以上，确认为健康者以驱虫、消毒，没有注射过疫苗的还要补注疫苗，方可混群饲养。羊场采用的饲料和用具，也要从安全地区购入，以防疫病传入。

定期驱虫。在羊的寄生虫病防治过程中，多采取定期预防性驱虫（每年 2~3 次）的方式，以避免羊在轻度感染后的进一步发展而造成严重危害。驱虫时机，要根据对当地羊寄生虫的季节动态调查而定，一般可在每年的 3—4 月及 12 月至翌年 1 月各安排 1 次，这样有利于羊的抓膘及安全越冬和度过春乏期。

四、定期免疫接种

免疫接种疫苗可激发羊体对某种传染病产生特异性抵抗力，是使易感羊转变为不易感羊的一种有效手段。平时在某些传染病的常发地区，可能是某些传染病潜在危险的地区，有计划地对健康羊群进行预防接种，是预防和控制羊传染病的重要措施之一。

各地区各羊场可能发生的传染病各有差异，可以预防这些传染病的疫（菌）苗又不尽相同，免疫期长短不一。要根据各种疫苗的免疫特性和本地区的发病情况，合理安排疫苗的种类、免疫次数和间隔的时间。采取正确的免疫程序，坚持"预防为主"的原则，是养羊成功的关键之一。

（一）疫苗

疫苗实际上包括疫苗和菌苗两种。疫苗是预防病毒性疾病的生物制剂；菌苗是预防细菌性疾病的生物制剂，一般统称为疫苗。疫苗可分为活苗（弱毒疫苗）和死苗（多为油佐剂疫苗）。

（二）最佳免疫程序的制定

免疫接种是综合性防治的关键。为达到控制传染病的目的，要做好疫病的检疫和监测工作，针对一定条件的要求，科学合理地选择确定免疫的时间、疫苗的类型和接种的方法等。

（1）掌握流行情况。了解羊场发病史，包括曾发生过什么病、发病日龄、发病频率以及周围羊病的流行情况。

（2）查明羊的母源抗体水平，确定首免时间。过早接种，可能会因体内母源抗体的中和作用而使疫（菌）苗失效或减效；过迟接种则又会增加感染的危险；如需强化免疫时，也必须注意到体内抗体的残存量。

（3）接种日龄和羊体的易感性。确定接种日龄必须考虑到羊体的易感性。

（4）对烈性传染病或难以控制住的传染病的处理。一是灭活菌和活苗兼用，二是选用与流行病的毒株一致的疫苗毒株。

（5）饲养管理水平和营养状况。一般说，管理水平高、营养状况良好的羊群可获得很好的免疫效果，反之效果不佳或无效。

（6）应激状态下的免疫。在某些疾病、运输、炎热、通风不良等应激状态下，不进行免疫，待应激消除后再进行接种。

（7）确定合适的接种剂量和方法。剂量过小，不能有效地刺激机体产生免疫反应，剂量过大，则又会抑制免疫反应，引起所谓免疫麻痹，接种剂量一定要根据疫苗说明书的规定，不能随意增减。

（8）实施药物预防。药物预防指把安全而低廉的药物加入饲料和饮水中进行的群体药物预防。常用的药物有磺胺类药物、抗生素和硝基呋喃类药。药物占饲料或饮水的比例一般是：磺胺类药预防量 0.1%～0.2%，四环素类抗生素预防量 0.01%～0.02%；一般连用 5～7 天，必要时也可酌情延长。但如长期使用化学药物预防，容易产生耐药性菌株，影响药物的防治效果。此外，成年羊口服土霉素等抗生素时，常会引起肠炎等中毒反应，必须注意。

（9）预防中毒。野草是羊的良好天然饲料，但有些草里含毒，为了避免中毒，要调查有毒草的分布，铲除毒草。要把饲料贮存在干燥、通风的地方，饲喂前要仔细检查，如果饲料发霉变质，应废弃不用。有些饲料本身含有有毒物质，饲喂时必须加以调制。如棉籽饼经高温处理后可减毒，减毒后再按一定比例同其他饲料混合搭配饲喂，就不会发生中毒。有些饲料如马铃薯若贮藏不当，其中的有毒物质会大量增加，对羊有害，因此应贮存在避光的地方，防止变青发芽；饲喂时也要同其他饲料按一定比例搭配。农药和化肥要放在仓库内，由专人保管，以免发生中毒。被污染的用具或容器应消毒处理后再用。其他有毒药品（如灭鼠药等）的运输、保管及使用也必须严格，以免羊接触发生中毒事故。喷洒过农药和施有化肥的农田排水，不应作饮用水；工厂附近排出的水或池塘内的死水，也不宜让羊饮用。

（10）防止传染病蔓延羊群。发生传染病时，应立即采取一系列紧急措施，就地扑灭，以防疫情扩大。要立即向有关部门报告疫情，同时要立即将病羊和健康羊隔离，不让它们有任何接触，以防健康家畜受到传染；对于发病前与病羊有过接触的羊，不能再同其他健康羊在一起饲养，必须单独圈养，经过 20 天以上的观察不发病，才能与健康羊合群，如有出现病状的羊，则按病羊处理。对已隔离的病羊，要及时进行药物治疗；隔离场所禁止人、畜出入和接近，工作人员应遵守消毒制度；隔离区内的用具、饲料、粪便等，未经彻底消毒，不得运出；没有治疗价值的病羊，要根据规定进行严密处理；病羊尸体要严格处理，视具体情况，或焚烧，或深埋，切不得随意抛弃。对健康羊和可疑感染羊要进行疫苗紧急接种或用药物进行预防性治疗。

五、羊病的扑灭措施

羊群发生传染病时，应立即采取一系列紧急措施，就地扑灭，以防止疫情扩大。兽医人员要立即向相关部门报告疫情，同时要立即将病羊和健康羊隔离，不让它们有任何接触，以防健康家畜受到传染；对于发病前与病羊有过接触的羊（虽然在外表上看不出有病，但有被传染的嫌疑，一般叫作"可疑感染羊"），不能再同其他健康羊在一起饲养，必须单独圈养，经过 20 天以上的观察不发病，才能与健康羊合群；如有出现病状的羊，则按病羊处理。对已隔离的病羊，要及时进行药物治疗；隔离场所禁止人畜出入和接近，工作人员出入应遵守消毒制度；隔离区内的用具、饲料、粪便等，未经彻底消毒，不得运出；没有治疗价值的病羊，由兽医根据国家规定进行严密处理；病羊尸体要严格处理，视具体情况，或焚烧，或深埋，不得随意抛弃。对健康羊和可疑感染羊，要进行疫苗紧急接科或用药物进行预防性治疗。如发生口蹄疫、羊痘等急性烈性传染病时，应立即报告有关部门，划定疫区，采取严格的隔离封锁措施，并组织力量尽快扑灭。

第七章 肉羊常见疾病的诊断与防治

第一节 肉羊常见普通病防治技术

一、羊胃肠炎防治技术

（一）概述

羊胃肠炎是指由于某种病因引起胃肠黏膜及其深层组织发生的炎症，多以肠炎为主。临床特征为严重的胃肠道功能障碍和不同程度的自体中毒。该病是羊常见病和多发病，几乎所有养殖场（户）均有发生，幼羊发生多，且病情严重，治疗不及时易造成死亡。

（二）技术特点

1. 发病原因

饲养失宜，饲料品质粗劣，饲料调配不合理，饲料霉变，食入有毒植物、化学性毒物以及大量青绿饲料，饮水不洁，羊舍卫生差，羊舍不能保暖防雨，以及在治疗上用药不当或泻药剂量过大都可成为病因。另外，还会伴随在某些传染病和寄生虫病（如羊鼻蝇蛆、球虫病等）的病程中。

2. 临床症状

病羊精神不振，食欲及反刍减少或消失，鼻干燥，经常有口腔炎及大量唾液流出。脉搏及呼吸加快，瘤胃蠕动缓慢，有时发生轻度臌气，瘤胃蠕动有时加剧，常有嗳气现象。触诊腹部有痛感。腹泻，粪便稀软或水样，恶臭或腥臭。腹泻时肠音增强，病至后期则肠音减弱或消失。当炎症主要侵害胃及小肠时，肠音则逐渐变弱，排粪减少，粪干色暗，常有黏液混杂，后期才出现腹泻。

3. 防治措施

（1）预防。改善饲养管理条件，保持适当运动，增强体质，保证健康。日常管理必须注意饲料质量、给料方法，建立合理的管理制度，提高科学的饲养管理水平。

（2）治疗。原则是消除炎症、清理胃肠、预防脱水、维护心脏功能，解除中毒，增强机体抵抗力。

早期单纯消化不良，可用胃蛋白酶1克溶于凉开水中饮用。拉水样粪便时，用活性炭20~40克、次硝酸铋3克、鞣酸蛋白2克、磺胺脒4克，成羊一次口服。重者可肌注硫酸阿托品止泻。也可用复方新诺明片0.5克×4片、小苏打0.3克×6片、鞣酸蛋白0.3克×7片，成羊一次口服。中药可服用白头翁汤、郁金散、乌梅散等治疗。

当脱水时可用糖盐水500毫升、10%安钠咖2毫升、40%乌洛托品5毫升，一次静脉注射。脱水严重时，还需补钾、补钙、补维生素C等。

心力衰竭时，可用10%樟脑磺酸钠3毫升，1次肌内注射，或用尼可刹米注射液1毫升，皮下注射。

当病羊4~5天未吃食物时，可灌炒面糊或小米汤、麸皮大米粥；开始采食时，应给予易消化的饲草、饲料和清洁饮水，然后逐渐转为正常饲养。

二、羊瘤胃积食防治技术

（一）概述

羊瘤胃积食是指瘤胃充满饲料，超过了正常容积，致使胃体积增大，胃壁扩张，食糜滞留在瘤胃引起严重消化不良的疾病。该病临床特征为反刍、嗳气停止，瘤胃坚实，疝痛，瘤胃蠕动极弱或消失。

（二）技术特点

1. 发病原因

羊吃了过多的质量不良、粗硬易膨胀的饲料，如块根类、豆饼、霉败饲料，或采食干料而饮水不足等。当患有前胃弛缓、瓣胃阻塞、创伤性网胃炎、腹膜炎、真胃炎、真胃阻塞等疾病时可继发瘤胃积食。

2. 临床症状

病羊在发病初期食欲、反刍、嗳气减少或停止；鼻镜干燥，羊瘤胃积食，排粪困难，腹痛，不安摇尾，弓背，回头顾腹，呻吟咩叫；呼吸急促，脉搏加快，结膜发绀。听诊瘤胃蠕动音减弱、消失；触诊瘤胃胀满、硬实。后期由于过食造成胃中食物腐败发酵，导致酸中毒和胃炎，精神极度沉郁，全身症状加剧，四肢颤抖，常卧地不起，呈昏迷状态（图7-1）。

图7-1　瘤胃积食病羊

3. 防治措施

（1）预防。加强饲养管理。如饲草、饲料过于粗硬，要经过加工再喂，注意不要让羊贪食与暴食，要加强运动。

（2）治疗。原则消导下泻，止酵防腐，纠正酸中毒，健胃补液。

消导下泻：石蜡油 100 毫升、人工盐或硫酸镁 50 克、芳香氨醑 10 毫升，加水 500 毫升，1 次灌服。

止酵防腐：鱼石脂 1~3 克、陈皮酊 20 毫升，加水 250 毫升，1 次内服。

纠正酸中毒：5%的碳酸氢钠 100 毫升、5%的葡萄糖 200 毫升，1 次静脉注射。

药物治疗无效时，即速进行瘤胃切开术，取出内容物。

病羊恢复期可用健胃剂促进食欲恢复，如用龙胆酊 5~10 毫升，1 次灌服；或用人工盐 5~10 克、大蒜泥 10~20 克，加适量水混合后 1 次灌服，每日 2 次。

三、羊瘤胃臌胀防治技术

（一）概述

瘤胃臌胀是羊采食了易发酵饲料，在瘤胃内发酵产生大量气体，致使瘤胃体积迅速增大，过度臌胀为特征的一种疾病。

（二）技术特点

1. 发病原因

采食大量易发酵饲料，如豆苗、青苜蓿等多汁易胀饲料；误食某些可发生瘤胃麻痹的植物如毒芹、秋水仙或乌头等；采食大量易臌胀的干料，如豆类、玉米、麦子、稻谷、油饼类等；采食难以消化的饲料，如麦秸、干甘薯藤、玉米秸等；采食大量豆科牧草、雨后水草、露水未干的青草等；以及缺乏运动、消瘦、消化机能不好、饮水不足、突然变换饲料等，均可诱发本病。

2. 临床症状

病初羊只食欲减退，反刍、嗳气减少，或很快食欲废绝，反刍、嗳气停止。呻吟、努责，腹痛不安，腹围显著增大，尤以左肷部明显。触诊腹部紧张性增加，叩诊呈鼓音。经常作排粪姿势，但排出粪量少，为干硬带有黏液的粪便，或排少量褐色带恶臭的稀粪，尿少或无尿排出。鼻、嘴干燥，呼吸困难，眼结膜发绀。重者脉搏快而弱，呼吸困难，口吐白沫，但体温正常。病后期，羊虚乏无力，四肢颤抖，站立不稳，最后昏迷倒地，因呼吸窒息或心脏衰竭而死亡。

3. 防治措施

（1）预防。该病多发生在春季，防治重点要加强饲养管理，促进消化机能，保持其健康水平。由舍饲转为放牧时，最初几天在出牧前先喂一些干草后再出牧，并且还应限制放牧时间及采食量。在饲喂易发酵的青绿饲料时，应先饲喂干草，然后再饲喂青绿饲料。尽量少喂堆积发酵或被雨露浸湿的青草。不让羊暴食幼嫩多汁豆科植物，不在雨后或有露水、下霜的草地上放牧。舍饲育肥羊，应在全价日粮中至少含有 10%~15% 的铡短的粗料，粗料最好是禾谷类秸秆或青干草，避免饲喂用磨细的谷物制作的饲料。

（2）治疗。病的初期，轻度气胀，让病羊头部向上站在斜坡上，用两腿夹住羊的头颈部，有节奏地按摩腹部，连续 5~10 分钟，对治疗瘤胃臌胀有一定效果。

气胀严重的，应用松节油 20~30 毫升、鱼石脂 10~15 克、95%酒精 30~50 毫升，加适量温水，一次内服。或用醋 20 毫升、松节油 3 毫升、酒精 10 毫升，混合后一次灌服；或用克辽林 2~4 毫升加水 20~40 毫升，一次性灌服；或用大蒜酊 15~25 毫升，加水 4 倍，一次灌服，具有消胀作用。

病羊危急时，可用套管针在左腹肋部中央放气，此时要用拇指按住套管出气口，让气体缓慢放出，放完气后，用鱼石脂 5 毫升加水 150 毫升，从套管注入瘤胃。

四、羔羊白肌病

（一）概述

羔羊白肌病是幼羔发生的一种以骨骼肌、心肌纤维以及肝组织等发生变性、坏死为主要特征的疾病。其中，病羔四肢无力、运动困难、肌肉色淡为主要病征。该病属地方病，主要发生在缺硒地区，我国是世界上缺硒最严重的地区，从东北三省至云贵高原，占我国国土面积 72% 的地区为低硒地带，其中 30% 为严重缺硒地区，粮食和蔬菜等食物含硒量极低，这些地区要加强对该病的预防。

（二）技术特点

1. 发病原因

主要是饲料中硒和维生素 E 缺乏或不足，或饲料内钴、锌、银等微量元素含量过高而影响动物对硒的吸收。羊机体内硒和维生素 E 缺乏时，正常生理性脂肪发生过度氧化，细胞组织的自由基受到损害，发生退行性病变、坏死，并可钙化，病变以骨骼肌、心肌受损最为严重，引起运动障碍和急性心肌坏死。

2. 临床症状

多呈地方性流行，$3 \sim 5$ 周龄的羔羊最易患病，死亡率有时高达 40%~60%。生长发育越快的羔羊，越容易发病，且死亡越快。急性病例，病羊常突然死亡。亚急性病例，病羊精神沉郁，背腰发硬，步态强拘，后躯摇晃，后期常卧地不起。臀部肿胀，触之硬固。呼吸加快，脉搏增数，羔羊可达 120 次/分以上。初期心搏动增强，以后心搏动减弱，并出现心律失常。慢性病例，病羊运动缓慢，步样不稳，喜卧。精神沉郁，食欲减退，有异嗜现象。被毛粗乱，缺乏光泽，黏膜黄白，腹泻多尿。脉搏增数，呼吸加快。剖检可见骨骼肌苍白，心肌苍白、变性，营养不良。

3. 防治措施

预防：对妊娠母羊、哺乳期母羊和羔羊冬春季节可在饲料中添加含硒和维生素 E 的预混料。对母羊供给豆科牧草，怀孕母羊补给 0.2% 亚硒酸钠液，皮下或肌内注射，剂量为 $4 \sim 6$ 毫升。对新生羔羊出生后 20 天，先用 0.2% 亚硒酸钠液，皮下或肌内注射，每次 1 毫升，间隔 20 天后再注射 1.5 毫升，注射开始日期最晚不得超过 25 日龄，能预防羔羊白肌病。

治疗：对急性病例通常使用 0.1%亚硒酸钠注射肌肉或皮下注射，羔羊每次 2~4 毫升，间隔 10~20 天重复注射 1 次，维生素 E 肌内注射，羔羊 10~15 毫克，每天 1 次，5~7 天为一个疗程。对慢性病例可采用饲料补硒，可在饲料中按 0.1 毫克/千克添加亚硒酸钠。

第二节　肉羊常见传染病防治技术

一、羊口蹄疫防治技术

（一）概述

羊口蹄疫是由口蹄疫病毒引起的急性、热性、高度接触性传染病。其临床特征是患病动物口腔黏膜、蹄部和乳房发生水疱和溃疡。口蹄疫被世界动物卫生组织列为必须报告的动物传染病，我国规定为一类动物疫病。任何单位和个人发现家畜疑似口蹄疫临床异常情况，应及时向当地动物防疫监督机构报告，由动物防疫监督机构派专人到现场进行临床和病理诊断。疫情处置必须在动物防疫监督机构指导和监督下进行。

（二）技术特点

1. 病原特征

口蹄疫病毒属小 RNA 病毒科口蹄疫病毒属。病毒具有多型性和变异性，根据抗原不同，可分为 O 型、A 型、C 型、亚洲 I 型、南非 I 型、南非 II 型、南非 III 型 7 个不同的血清型，各型之间均无交叉免疫性。口蹄疫病毒具有较强的环境适应性，耐低温，不怕干燥。对酚类、酒精、氯仿等不敏感，但对日光、高温、酸碱的敏感性很强。常用的消毒剂有 1%~2%的氢氧化钠、30%的热草木灰、1%~2%的甲醛、0.2%~0.5%的过氧乙酸、4%的碳酸氢钠溶液等。

2. 流行特点

该病主要侵害偶蹄兽，如牛、羊、猪、鹿、骆驼等，其中以猪、牛最为易感，其次是绵羊、山羊和骆驼。人也可感染。病畜和带毒动物是该病的主要传染源，痊愈家畜可带毒4~12个月。病毒在带毒畜体内可产生抗原变异，产生新的亚型。本病主要靠直接和间接接触性传播，消化道和呼吸道传染是主要传播途径，也可通过眼结膜、鼻黏膜、乳头及伤口感染。空气传播对本病的快速大面积流行起着十分重要的作用，常可随风散播到50~100千米外。

3. 临床症状

羊感染口蹄疫病毒后一般经过1~7天的潜伏期出现症状。病羊体温升高，初期体温可达40~41℃，精神沉郁，食欲减退或拒食，脉搏和呼吸加快。口腔、蹄、乳房等部位出现水疱、溃疡和糜烂。严重病例可在咽喉、气管等黏膜上发生圆形烂斑和溃疡，上覆黑棕色痂块。绵羊蹄部症状明显，口黏膜变化较轻。山羊症状多见于口腔，呈弥漫性口黏膜炎，水疱见于硬腭和舌面，蹄部病变较轻。病羊水疱破溃后，体温即明显下降，症状逐渐好转。初生的羔羊危害严重，有时呈出血性肠炎，并因心肌炎而死亡。怀孕的母羊可导致流产。

4. 病理变化

病羊口腔、蹄部出现水疱和烂斑，消化道黏膜有出血性炎症，心肌色泽较淡，质地松软，心外膜与心内膜有弥散性及斑点状出血，心肌切面有灰白色或淡黄色、针头大小的斑点或条纹，如虎斑，称为"虎斑心"，以心内膜的病变最为明显。

5. 实验室检测

（1）病原学检测。主要包括病毒分离鉴定、ELISA血清学免疫吸附试验、RT-PCR、反向间接血凝试验。

（2）血清学检测。主要包括中和试验、液相阻断酶联免疫吸附试验、非结构蛋白 ELISA、正向间接血凝试验。

6. 病例判定

出现符合该病流行特点和临床症状或病理变化指标之一，即可定为疑似口蹄疫病例。疑似口蹄疫病例经病原学检测方法任何一项阳性，即可确诊为口蹄疫病例。疑似口蹄疫病例不能进行病原学检测时，未免疫羊血清学检测抗体阳性或免疫羊非结构蛋白抗体 ELISA 检测阳性，可判定为口蹄疫病例。

7. 防治措施

（1）预防措施。加强检疫，不从疫区引进偶蹄动物及产品。对所有羊严格按照免疫程序实施强制免疫。常用的免疫程序为种公羊、后备母羊每年接种疫苗 2 次，每间隔 6 个月免疫 1 次；生产母羊在产后 1 个月或配种前，免疫 1 次。成年羊每年免疫 2 次，每间隔 6 个月免疫 1 次。羔羊出生后 4~5 个月免疫 1 次，隔 6 个月再免疫 1 次。免疫剂量及免疫方法按说明书要求进行。

（2）疫情处置。一旦发生疫情，要遵照"早、快、严、小"的原则，严格执行封锁、隔离、消毒、紧急预防接种、检疫等综合扑灭措施。划定疫点、疫区、受威胁区。扑杀疫点内所有病畜及同群易感畜，并对病死畜和扑杀畜及其产品实施无害化处理；对排泄物、被污染饲料、垫料、污水等进行无害化处理；对被污染的或可疑污染的物品、交通工具、用具、畜舍、场地进行严格彻底消毒；对发病前 14 天出售的家畜及其产品进行追踪，并做扑杀和无害化处理。对疫区实施封锁，在疫区周围设置警示标志，在出入疫区的交通路口设置动物检疫消毒站，对出入的车辆和有关物品进行消毒；疫区内所有易感动物进行紧急强制免疫，建立完整的免疫档案；关闭家畜交易市场，禁止活畜进出疫区及产品运出疫区；对交通工具、畜舍及用具、场地进行彻底消毒；对易感家畜进行疫情监测，及时掌握疫情动态；必要时对疫区内所有易感动物进行扑杀和无害化处理。对受威胁区最后一次免疫超过一个月的所有易感动物进行一次紧急强化免疫；疫区内最后 1 头病羊死亡或扑杀后，连续观察至少 14 天，再未发现新病例时，经彻底消毒，疫情监测阴性，才能解除封锁。

二、绵羊痘/山羊痘防治技术

（一）概述

绵羊痘和山羊痘，分别是由痘病毒科羊痘病毒属的绵羊痘病毒、山羊痘病毒引起的绵羊和山羊的急性、热性、接触性传染病。羊痘是一个非常古老的动物疫病，在北非、中东、欧洲、亚洲及澳大利亚广泛流行。我国也是该病的多发区，西北地区、华中地区、华南地区是羊痘地区疫情集中区。绵羊痘和山羊痘被世界动物卫生组织列为必须报告的动物疫病，我国将其列为一类动物疫病。任何单位和个人发现患有本病或者疑似本病的病例，都应当立即向当地动物防疫监督机构报告，由动物防疫监督机构派专人进行临床和病理诊断，诊断为羊痘病例，必须在动物防疫监督机构指导和监督下进行疫情处置。

（二）技术特点

1. 病原特征

绵羊痘病毒和山羊痘病分类上属于痘病毒科，山羊痘病毒属。是有囊膜的双股 DNA 病毒。病毒主要存在于病羊皮肤、黏膜的丘疹、脓疱以及痂皮内，病羊鼻分泌物内也含有病毒，发热期血液内也有病毒存在。羊痘病毒对直射阳光、酸、碱和大多数常用消毒药（酒精、红汞、碘酒、来苏儿、福尔马林、石炭酸等）均较敏感，对醚和氯仿也较为敏感。耐干燥，在干燥的痂皮内能成活数月至数年，在干燥羊舍内可存活 6~8 个月。不同毒株对热敏感程度不一般 55℃下持续 30 分钟即可灭活。

2. 流行特点

在自然条件下，绵羊痘病毒只能使绵羊发病，山羊痘病毒只能使山羊发病，一般不会发生交叉感染。病羊是主要的传染源，主要通过呼吸道感染，也可通过损伤的皮肤或黏膜侵入机体。饲养和管理人员，以及被污染的饲料、垫草、用具、皮毛产品和体外寄生虫等均可成为传播媒介。本病传播快、发病率高，不同品种、性别和年龄的羊均可感染，羔羊较成年羊易感，细毛羊较其他品种的羊易感，粗毛羊和土种羊有一定的抵抗力。一年四季均可发生，我国多发于冬春季节，气候严寒、雨雪、霜冻、饲养管理不良等因素都有助于该病的发生和加重病情。该病一旦传播到无本病地区，易造成流行。

3. 临床症状

典型病例病羊体温升至40℃以上，2~5天后在皮肤上可见明显的局灶性充血斑点，随后在腹股沟、腋下和会阴等部位，甚至全身出现红斑、丘疹、结节、水泡，严重的可形成脓胞。某些品种的绵羊在皮肤出现病变前可发生急性死亡；某些品种的山羊可见大面积出血性痘疹和大面积丘疹，可引起死亡。非典型病例呈一过型羊痘，仅表现轻微症状，不出现或仅出现少量痘疹，呈良性经过。

4. 病理变化

病死羊体况明显消瘦，体表皮肤呈典型的痘疹，剖检可见呼吸道、消化道黏膜卡他性出血性炎症。咽、气管、支气管黏膜上有浅灰色小结节，并附有浓稠黏液，肺有干酪样的结节和卡他性肺炎区，有的痘疱散布在肺叶中，触摸坚硬，瘤胃、皱胃内壁有大小不等的半球状或圆形坚实的结节，有单个或几个融合，有的形成糜烂，有的发生溃疡。

5. 实验室检测

病原学检测可用电镜检查包涵体，血清学检测有中和试验。

6. 防治措施

（1）预防措施。羊痘是一种急性传染病，要采取以免疫为主的综合性防治措施。一是消毒。羊舍、羊场环境、用具、饮水等应定期进行严格消毒；饲养场出入口处应设置消毒池，内置有效消毒剂。二是免疫。常用羊痘鸡胚化弱毒疫苗预防接种，每只羊接种 0.5 毫升，于尾根部皮下注射，注射后 4~6 天产生免疫力，免疫期为 1 年。三是监测。非免疫区域以流行病学调查、血清学监测为主，结合病原鉴定。免疫区域以病原监测为主，结合流行病学调查、血清学监测。异地引种时，应从非疫区引进。调运前隔离 21 天，并在调运前 15 天至 4 个月进行过免疫。

（2）疫情处置。根据流行病学特点、临床症状和病理变化做出的临床诊断结果，可作为疫情处理的依据。发现或接到疑似疫情报告后，动物防疫监督机构应及时派员到现场进行临床诊断、流行病学调查、采样送检。对疑似病羊及同群羊应立即采取隔离、限制移动等防控措施。当确诊后，应当立即划定疫点、疫区、受威胁区，并采取相应措施。对疫点内的病羊及其同群羊彻底扑杀。对病死羊、扑杀羊及其产品进行无害化处理；对病羊排泄物和被污染或可能被污染的饲料、垫料、污水等要通过焚烧、密封堆积发酵等方法进行无害化处理。对疫区和受威胁区内的所有易感羊进行紧急免疫接种。对疫区、受威胁区内的羊群必须进行临床检查和血清学监测。疫区内没有新的病例发生，疫点内所有病死羊、被扑杀的同群羊及其产品按规定处理 21 天后，对有关场所和物品进行彻底消毒，才能解除封锁。

三、羊快疫防治技术

（一）概述

羊快疫是由腐败梭菌经消化道感染引起的主要发生于绵羊的一种急性传染病。

（二）技术特点

1. 病原特征

羊快疫的病原是腐败梭菌，为革兰氏阳性的厌氧大杆菌，菌体正直，两端钝圆，用死亡羊的脏器，特别是肝脏被膜触片染色后镜检，常见到无关节的长丝状菌体。在动物体内外均可产生芽孢，不形成荚膜，可产生多种毒素。

2. 流行特点

羊快疫绵羊最易感，山羊和鹿也可感染。发病年龄多在6个月到18个月。腐败梭菌芽孢经口进入并存在于消化道，当受到不良因素的影响时，如秋冬和初春气候骤变，阴雨连续时，羊感冒或采食不当，机体受到刺激，抵抗力下降，腐败梭菌则大量繁殖，产生外毒素，毒素使消化道黏膜，特别是真胃黏膜发生坏死和炎症，同时毒素随血液进入体内，刺激中枢神经系统，引起急性休克，使病羊急速死亡。常呈地方性流行，发病率10%~20%，病死率为90%。

3. 临床症状

突然发病，往往未表现出临床症状即倒地死亡，常常在放牧途中或在牧场上死亡，或早晨发现死在羊圈舍内。病程稍长的病羊离群独居，卧地，不愿意走动，强迫其行走时，则运步无力，运动失调。腹部臌胀，有疝痛表现。体温有的升高到41.5℃。发病羊以极度衰竭、昏迷至发病后数分钟或几天内死亡。

4. 病理变化

病死羊尸体迅速腐败臌胀，可视黏膜充血呈暗紫色，体腔多有积液。特征性表现为真胃出血性炎症，胃底部及幽门部黏膜可见大小不等的出血斑点及坏死区，黏膜下水肿。肠道内充满气体，常有充血、出血、坏死或溃疡。心内、外膜可见点状出血。胆囊多肿胀。

5. 实验室检测

迅速无菌采集病死羊脏器组织，同时作肝被膜触片或其他脏器涂片，用瑞氏染色法或美蓝染色法染色镜检，除见到两端钝圆、单个或短链状的粗大菌体外，也可观察到无关节的长丝状菌体链，革兰氏染色法则呈阳性反应。

病料采集后立即进行分离培养，用厌氧培养法进行分离鉴定。

6. 防治措施

（1）预防。加强饲养管理，特别是秋冬和初春气候骤变季节，要防止严寒突袭，安排好放牧时间，避免采食霜冻饲草。常发地区，每年定期注射"羊快疫、羊猝狙、羊肠毒血症"三联苗或"羊快疫、羊猝狙、羊肠毒血症、羔羊痢疾、黑疫"五联苗。

（2）治疗。发病时要及时隔离病羊，对病死羊尸体及排泄物应深埋；被污染的圈舍和场地、用具用3%的烧碱溶液或20%的漂白粉溶液消毒。对同群羊进行紧急预防接种，同时全群灌服10%的石灰水100毫升或2%的硫酸铜100毫升或0.5%高锰酸钾250毫升。对病程稍长的病羊治疗用青霉素肌内注射，每次80万~160万单位，每日2次。也可选用卡那霉素、磺胺及喹诺酮类药物进行治疗抗菌消炎；静脉注射10%安钠咖10毫升、10%~25%葡萄糖100~200毫升/次。

四、羊传染性胸膜肺炎

（一）概述

羊传染性胸膜肺炎又称羊支原体性肺炎，俗称"烂肺病"。是由支原体引起的羊的一种高度接触性传染病。其特征是纤维性胸膜肺炎。该病许多国家都有发生，我国饲养山羊的地区较为多见。

（二）技术特点

1. 病原特征

羊传染性胸膜肺炎的病原为多种支原体，常见的有丝状支原体山羊亚种和绵羊肺炎支原体。丝状支原体山羊亚种，属于支原体科、支原体属。丝状支原体为一细小、多形性微生物，革兰氏染色阴性，用姬姆萨氏法、卡斯坦奈达氏法或美蓝染色法着色良好。丝状支原体山羊亚种对理化因素的抵抗力弱，对红霉素高度敏感，四环素也有较强的抑菌作用，但对青霉素、链霉素不敏感；而绵羊肺炎支原体则对红霉素不敏感（图7-2）。

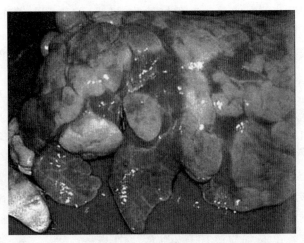

图7-2　肺实质病变

2. 流行特点

在自然条件下，丝状支原体山羊亚种只感染山羊，3 岁以下的山羊最易感染，而绵羊肺炎支原体则可感染山羊和绵羊。病羊和带菌羊是本病的主要传染源。本病常呈地方流行性，接触传染性很强，主要通过空气—飞沫经呼吸道传染。阴雨连绵，寒冷潮湿，羊群密集、拥挤等因素，易于发病。多发生在山区和草原，主要见于冬季和早春枯草季节，羊只营养缺乏，容易受寒感冒，因而机体抵抗力降低，较易发病，发病后病死率也较高，呈地方流行。冬季流行期平均为 15 天，夏季可维持 2 个月以上。

3. 临床症状

潜伏期平均 18~20 天。病初体温升高，精神沉郁，食欲减退，随即咳嗽，流浆液性鼻漏。4~5 天后咳嗽加重，干咳而痛苦，浆液性鼻漏变为黏脓性，常黏附于鼻孔、上唇，呈铁锈色。病羊多在一侧出现胸膜肺炎变化，肺部叩诊有实音区，听诊肺呈支气管呼吸音或呈摩擦音，触压胸壁，羊表现敏感、疼痛。病羊呼吸困难，高热稽留，眼睑肿胀，流泪或有黏液—脓性分泌物，腰背拱起作痛苦状。怀孕母羊可发生流产，部分羊肚胀腹泻，有些病例口腔溃烂，唇部、乳房等部位皮肤发疹。病羊在濒死前体温降至常温以下，病期多为 7~15 天。

4. 病理变化

病变多局限于胸部。胸腔常有淡黄色积液，暴露于空气后其中的纤维蛋白易于凝固。病理损害多发生于一侧，常呈纤维蛋白性肺炎，间或为两侧性肺炎。肺实质肝变，切面呈大理石样变化。肺小叶间质变宽，界限明显。血管内常有血栓形成。胸膜增厚而粗糙，常与肋膜、心包膜发生粘连。支气管淋巴结、纵膈淋巴结肿大，切面多汁并有出血点。心包积液，心肌松弛、变软。肝脏、脾脏肿大，胆囊肿胀。肾脏肿大，被膜下可见有小点出血。病程久者，肺肝变区肌化，结缔组织增生，甚至有包囊化的坏死灶。

5. 实验室检测

（1）病原检查。无菌采集急性病例肺组织、胸腔渗出液等作为病料，涂片姬姆萨氏法、瑞氏法或美蓝染色法染色镜检可见到无细胞壁，故呈杆状、丝状、球状等多形态特性菌体。

分离培养病料接种于血清琼脂培养基，37℃培养 3~6 天，长出细小、半透明、微黄褐色的菌落，中心突起呈"煎蛋"状，涂片染色镜检，可见革兰氏染色阴性、极为细小的多形性菌体。也可用液体培养基进行分离培养，于培养基中加入特异性抗血清进行生长抑制试验，鉴定病原。

（2）血清学诊断。常用的方法有琼脂免疫扩散试验、玻片凝集试验和荧光抗体试验。

6. 防治措施

（1）预防。提倡自繁自养，新引入的山羊，至少隔离观察1个月，确认无病后方可混群。保持环境卫生，改善羊舍通风条件，经常用百毒杀1 000倍液对羊舍及四周环境喷雾消毒。做好免疫，对疫区的假定健康羊接种疫苗，我国目前羊传染性胸膜肺炎疫苗有用丝状支原体山羊亚种制造的山羊传染性胸膜肺炎氢氧化铝苗、鸡胚化弱毒苗和绵羊肺炎支原体灭活苗，可根据当地病原体的分离结果，选择使用。

（2）疫情处置。对发病羊群应进行封锁，及时对全群进行逐头检查，对病羊、可疑病羊和假定健康羊分群隔离和治疗；对被污染的羊舍、场地、饲管用具和病羊的尸体、粪便等进行彻底消毒或无害化处理。

（3）治疗。使用新砷凡纳明"914"治疗、预防本病有效。5个月龄以下羔羊0.1~0.15克，5个月龄以上羊0.2~0.25克，用灭菌生理盐水或5%葡萄糖盐水稀释为5%溶液，一次静脉注射，必要时间隔4~9天再注射1次。可试用磺胺嘧啶钠注射液，皮下注射，每天1次；病的初期可使用氟苯尼考按每千克体重20~30毫克肌内注射，每天2次，连用3~5天；酒石酸泰乐菌素每天每千克体重6~12毫克肌内注射，每天2次，3~5天为1个疗程。也可使用强力霉素治疗，效果明显。

第三节　肉羊常见寄生虫病防治技术

一、羊血吸虫病防治技术

（一）概述

羊血吸虫病是日本血吸虫寄生在羊门静脉、肠系膜静脉和盆腔静脉内，引起贫血、消瘦与营养障碍的一种寄生虫病。日本血吸虫病是互源性人兽共患的寄生虫病，流行因素包括自然、地理、生物和社会因素，错综复杂。宿主除人外，自然感染日本血吸虫病的动物有牛、山羊、绵羊、马、驴、骡、猪、犬、猫和野生动物，近 40 种，几乎各种陆生动物均可感染，而且人与动物之间可以互相传播。

（二）技术特点

1. 病原特征

病原为日本血吸虫，为雌雄异体。雄虫呈乳白色，短粗，虫体长 10~22 毫米，宽 0.5~0.55 毫米，向腹面弯曲，呈镰刀状。体壁从腹吸盘到尾由两侧面向腹面卷曲，形成抱雌沟，雌雄虫体常呈抱合状态。雌虫细长，长 12~26 毫米，宽 0.1~0.3 毫米。子宫内含有 50~300 个虫卵，虫卵呈短卵圆形，淡黄色，无卵盖。

日本血吸虫多寄生于肠系膜静脉，有的也见于门静脉，雄雌虫交配后，雌虫产出的虫卵堆积于肠壁微血管，借助堆积的压力和卵内毛蚴分泌的溶组织酶，使虫卵穿过肠壁进入肠腔，随粪便排出体外。

虫卵落入水中，在 25~30℃ 温度下很快孵出毛蚴。毛蚴从卵内出来在水中自由游动，当遇到中间寄主椎实螺，钻入钉螺内，经 6~8 周，发育成胞蚴、子胞蚴，形成尾蚴。尾蚴离开螺体在水中游动，遇到终末宿主后，借助于穿刺腺分泌的溶组织酶，从皮肤进入皮下组织的小静脉内，随血液循环在门静脉发育为成虫，然后移居到肠系膜静脉（图 7-3）。

2. 临床症状

病羊多表现慢性经过，只有突然感染大量尾蚴时，才表现急性发病。急性型病畜表现体温升高，呈不规则的间歇势。精神沉郁，倦怠无力，食欲减退。呼吸困难，腹泻，粪中混有黏液、血液和脱落的黏膜。腹泻加剧者，出现水样便，排粪失禁。

常大批死亡。慢性型病畜表现为间歇性下痢,有时粪中带血。可视黏膜苍白,精神不佳,食欲下降,日渐消瘦,颌下及腹下水肿。幼畜发育不良,孕畜易流产。

3. 病理变化

病畜尸体消瘦,贫血,腹水增加。病初肝脏肿大,后期萎缩硬化,肝表面和切面有粟粒至高粱粒大、灰白色或灰黄色结节。严重时肠壁、肠系膜、心脏等器官可见到结节。大肠,尤其是直肠壁有小坏死灶、小溃疡及瘢痕。在肠系膜血管、肠壁血管及门静脉中可发现虫体。

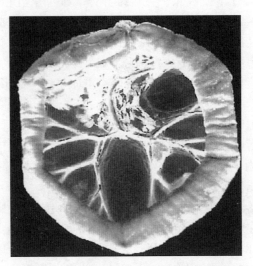

图7-3　日本血吸虫病小肠及肠系膜病变

4. 检测技术

(1)病原学检查。直接虫卵检查法:于载玻片滴上生理盐水,用竹签挑取粪便少许,直接涂片,置显微镜下检查虫卵;或取新鲜粪便20克,加清水调成浆,用40~60目铜筛网过滤,滤液收集在500毫升烧杯中,静置30分钟,倾去上清液,加清水混匀,静置20分钟,倾去上清液,反复几次,沉渣涂片检查虫卵。

孵化法：取新鲜粪便 30 克，加清水调成浆，用 40~60 目铜筛网过滤，滤液收集在 500 毫升烧杯中，静置 30 分钟，倾去上清液，加清水混匀，静置 20 分钟，倾去上清液，反复几次，将沉渣置于 250 毫升三角烧杯中，加清水至瓶口，置于 25~30℃下孵化，每隔 3 小时、6 小时、12 小时观察一次，检查有无毛蚴出现。

（2）变态反应检查。用成虫抗原皮内注射 0.03 毫升，15 分钟后，检查有无出现丘疹，丘疹直径 8 毫米以上者为阳性。

（3）血清学检查。环卵沉淀法：取载玻片一个，加受检者血清 2 滴，再加虫卵悬液 1 滴（100 个左右虫卵），加盖玻片，周围用石蜡密封，置 37℃孵育 48 小时，在高倍显微镜下检查，卵周围出现泡状、指状或带状沉淀物，并有明显折光且边缘整齐，即为阳性反应卵。阳性反应卵占全片虫卵的 2% 以上时，即判为阳性。此外还有间接血凝、酶联免疫吸附试验、免疫电泳试验等方法。

5. 防治措施

根据该病原特点、发育过程及流行特点采用下述措施。

（1）治疗病畜。驱血吸虫药物有以下几种。

硝硫氰胺剂量按每千克体重 4 毫克，配成 2%~3% 水悬液，颈静脉注射。

吡喹酮剂量按每千克体重 30~50 毫克，1 次口服。

六氯对二甲苯剂量按每千克体重 200~300 毫克，灌服。

（2）杀灭中间宿主。结合水土改造工程，排出沼泽地和低洼牧场的水，利用阳光暴晒，杀死螺蛳。也可用五万分之一的硫酸铜溶液或百万分之二点五的血防 67 对椎实螺进行浸杀或喷杀。

（3）安全用水。选择无螺水源，实行专塘用水，以杜绝尾蚴的感染。

（4）预防驱虫。在 4 月、5 月和 10 月、11 月定期驱虫，病羊要淘汰。

（5）无害化处理粪便。疫区内粪便进行堆肥发酵和制造沼气，既可增加肥效，又可杀灭虫卵。

（6）人畜同步查治。对人和家畜按时检查，及时治疗。

二、羊肝片吸虫病防治技术

（一）概述

羊肝片吸虫病又称肝蛭病，是一种发生较普遍、为害很严重的寄生虫病。是由虫体寄生于肝脏胆管内引起慢性或急性肝炎和胆管炎，同时，伴发全身性中毒现象及营养障碍，导致羊生长发育受到影响，毛、肉品质显著降低，大批肝脏废弃，甚至引起大量羊只死亡，造成严重损失。羊肝片吸虫分布广泛，流行于全世界，以中南美洲、欧洲、非洲及苏联较常见。我国各地均有发生，分布极广，多呈地方性流行。低洼和沼泽地区，多雨时期易暴发流行。动物感染率甚高，一般羊群感染率为30%～50%，个别严重的羊群可高达100%，成为牧区羊病死的重要原因。

（二）技术特点

1. 病原特征

本病病原为肝片吸虫和大片吸虫。肝片吸虫虫体呈扁平叶状，长20～35毫米，宽5～13毫米。自胆管内取出的新鲜活虫为棕红色，固定后呈灰白色。虫卵呈椭圆形，黄褐色，前端较窄，后端较钝。大片吸虫成虫呈长叶状，长33～76毫米，宽5～12毫米。虫卵呈深黄色。

肝片吸虫与大片吸虫在发育过程中，要通过中间宿主多种椎实螺（小土蜗、截口土蜗、椭圆萝卜螺及耳萝卜螺）。成虫阶段寄生在绵羊和山羊的肝脏胆管中。

虫卵随粪便排到宿主体外，在温度为15～30℃，而且水分、光线和酸碱度均适宜时，经过10～25天孵化为毛蚴。毛蚴周身被有纤毛，能借助纤毛在水中迅速游动。当遇到椎实螺时，即钻入其体内进行发育。毛蚴脱去其纤毛表皮以后，生长发育为胞蚴。胞蚴呈袋状，经 15~30 天而形成雷蚴，每个胞蚴的体内可以生成 15 个以上的雷蚴。雷蚴突破胞蚴外出，在螺体内继续生长。与此同时，雷蚴体内的胚细胞进行发育，一般雷蚴的胚细胞直接发育为尾蚴，有时则经过仔雷蚴阶段发育成尾蚴。

发育完成的尾蚴，由雷蚴体前部的生殖孔钻出，以后再钻出螺体而游入水中。由毛蚴变态发育到尾蚴都是在螺体（中间宿主）内进行，一般需要 50~80 天。

尾蚴在水中作短时期游动以后，附着于草上或其他东西上，或者就在水面上脱去尾部，很快形成囊蚴。当健康羊吞入带有囊蚴的草或饮水时，即感染片形吸虫病，囊蚴的包囊在消化道中被溶解，蚴虫即转入羊的肝脏和胆管中，逐渐发育为成虫。

羊由吞食囊蚴到粪便中出现虫卵，通常需 89~116 天。成虫在羊的肝脏内能够生存 3~5 年。

2. 临床症状

症状的表现程度，根据虫体多少、羊的年龄以及感染后的饲养管理情况而不同。对于绵羊来说，当虫体达到 50 个以上时才会发生显著症状，年龄小的羊症状更为明显。在临床上可分为急性型和慢性型。

急性型：多见于秋季，表现是体温升高，精神沉郁，食欲废绝，偶有腹泻。肝脏叩诊时，半浊音区扩大，敏感性增高。病羊迅速贫血。有些病例表现症状后 3~5 天发生死亡。

慢性型：最为常见，可发生在任何季节。病的发展很慢，一般在 1~2 个月后体温稍有升高，食欲略见降低。眼睑、下颌、胸下及腹下部出现水肿。病程继续发展时，食欲趋于消失，表现卡他性肠炎，黏膜苍白，贫血剧烈。由于毒素危害以及代谢障碍，羊的被毛粗乱，无光泽，脆而易断，有局部脱毛现象。3~4 个月后水肿更为剧烈，病羊更加消瘦。孕羊可能生产弱羔，甚至生产死胎。如不采取医疗措施，最后常发生死亡。

3. 病理变化

主要见于肝脏，其次为肺脏。有肝脏病变者为 100%，有肺脏病变者只占 35%～50%。器官的病变程度因感染程度不同而异。受大量虫体侵袭的患羊，肝脏出血和肿大，其中，有长达 2～5 毫米的暗红色索状物，挤压切面时，有污黄色的黏稠液体流出，液体中混杂有幼龄虫体。因感染特别严重而死亡者，可见有腹膜炎，有时腹腔内有大量出血，黏膜苍白。

慢性病例，肝脏增大更为剧烈，到了后期，受害部分显著缩小，呈灰白色，表面不整齐，质地变硬，胆管扩大，充满灰褐色的胆汁和虫体。切断胆管时，可听到"嚓！嚓！"之声。由于胆管内胆汁积留与胆管肌纤维的消失，引起管道扩大及管壁增厚，致使灰黄色的索状出现于肝的表面（图 7-4）。

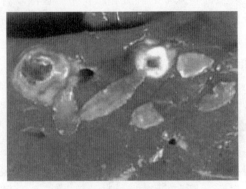

图 7-4　羊肝片吸虫肝病变

4. 检测技术

（1）粪便虫卵检查。漂浮沉淀法：采取新鲜羊粪便 3 克，放在玻璃杯内，注满饱和盐水，用玻璃棒搅拌成均匀的混悬液，静置 15～20 分钟。除去浮于表面的粪渣，吸去上清液，在杯底留 20～30 毫升沉渣。向沉渣中加水至满杯，用玻璃棒搅拌。混悬液用 40～60 目筛子过滤，使滤液静置 5 分钟，吸去上清液，于底部留 15～20 毫升沉渣。将沉渣移注于锥形小杯，混悬液在锥形小杯中静置3~5分钟，然后吸去上清液，如此反复操作2~3次。最后将沉渣涂在载玻片上进行镜检。

水洗沉淀法：直肠取粪5~10克，加入10~20倍清水混匀，用纱布或40~60目筛子过滤。滤液经静置或离心沉淀，倒去上层浑浊液体并再加入清水混匀沉淀，反复进行2~3次，直至上层液体清亮为止，最后倒去上层液体，吸取沉淀物涂片进行镜检。

肝片吸虫卵呈长卵圆形，金黄色，大小为（66~82）微米×（116~132）微米。

（2）免疫检测。可采用沉淀反应、补体结合反应、免疫电泳、间接血凝试验、酶联免疫吸附实验和免疫荧光试验等免疫诊断方法，在急性期虫体在肝脏组织中移行时和异位寄生时可取得较好的诊断效果。

5. 防治措施

为了消灭片形吸虫病，要采取"预防为主"综合防治措施。

（1）加强管理。不在沼泽、低洼潮湿牧场上放牧。保持羊饮用水清洁卫生，尽量饮用自来水、井水或流动的河水等清洁的水，不让羊饮用池塘、沼泽、水潭及沟渠里的脏水和死水，防止健羊吞入囊蚴。实行轮牧，将草场划分为几个区，轮回放牧。

（2）定期驱虫。驱虫是预防本病的重要方法之一，一般是每年进行1次，可在秋末冬初进行。对染病羊群，每年应进行3次，第一次在大量虫体成熟之前20~30天，第二次在第一次以后的5个月，第三次在第二次以后的2~2.5个月。不论在什么时候发现羊患本病，都要及时进行驱虫。

（3）粪便处理。对羊的粪便要进行堆积发酵，杀死其中虫卵。对于施行驱虫的羊只，必须圈留5~7天，不让乱跑，对这一时期所排的粪便，更应严格进行消毒。对于被屠宰羊的肠内容物进行无害化处理。

（4）加强检疫。加强兽医卫生检验工作。对检查出感染的肝脏，应该全部废弃。

（5）消灭中间宿主。肝片吸虫的中间宿主椎实螺生活在低洼阴湿地区，可结合水土改造，通过兴修水利、填平改造低洼沼泽地，以破坏螺蛳的生活条件。排出沼泽地和低洼的牧地的积水，利用阳光暴晒的力量杀死螺蛳。也可用五万分之一的硫酸铜溶液或百万分之二点五的血防 67 对浸杀或喷杀进行椎实螺。

（6）及时治疗。经过粪便检查确实诊断出患病的羊只，应及时驱虫治疗。有效驱虫药的种类很多，可根据当时当地情况选用。

丙硫咪唑按每千克体重 5~15 毫克，口服。对驱除肝片吸虫成虫有良效。

丙硫苯唑按每千克体重 10 毫克，口服。对成虫的驱虫率可达 99%。

硝氯酚（拜耳 9015）按每千克体重 4~5 毫克，口服。驱成虫有高效。

肝蛭净按每千克体重 10 毫克，配成 5% 的悬液灌服。对童虫和成虫均有良效。

蛭得净按千克体重 12 毫克，口服。对成虫和童虫均有效。

羟氯柳胺按每千克体重 15 毫克，口服。驱成虫有高效。

碘醚柳胺按每千克 7.5 毫克，口服。驱除成虫和 6~12 周的未成熟肝片吸虫都有效。

双酰胺氧醚按每千克重 7.5 毫克，口服。对 1~6 周龄肝片吸虫幼虫有高效，用于治疗急性肝片吸虫病。

硫双二氯酚（别丁）按每千克体重 80~100 毫克，口服。对驱除成虫有效，驱虫率高达 98.7%~100%，对 14~28 日龄的童虫无效。

三、羊螨病防治技术

（一）概述

羊螨病又称羊疥癣，是由疥螨和痒螨寄生于皮肤，引起患羊发生剧烈痒感以及各种类型的皮肤炎症为特征的寄生虫病。螨病是绵羊主要体外寄生虫之一，发病率达到 20%~30%，严重的高达 100%。该病是由于健畜接触患畜或通过有螨虫的畜舍、用具和工作人员的衣物等而感染，犬及其他动物也可以成为传播媒介。主要发生于秋末、冬季和初春，尤其是阴雨天气，蔓延快，发病剧烈（图 7-5）。

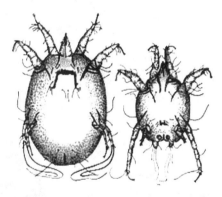

图 7-5　螨虫

（二）技术特点

1. 病原特征

羊螨病的病原是螨，分为痒螨和疥螨两类。羊痒螨寄生在皮肤的表面，成虫为椭圆形，假头呈圆椎形。虫体大小 0.5~0.9 毫米，有 4 对细长的足。疥螨寄生在皮肤角质层下，成虫呈圆形，大小为 0.2~0.5 毫米，浅黄色，体表有大量小刺，虫体腹面前部和后部各有两对粗短的足。

螨终生寄生在羊身上，痒螨雌虫在羊毛之间的寄生部位产卵，一个雌虫一生能产 90~100 个卵。卵经 3~4 天孵化出六脚幼虫，幼虫经 2~3 天变为若虫。若虫蜕 2 次皮后，再过 3~4 天变成成虫，全部发育过程需 10~11 天。疥螨雌虫在皮下产卵，一个雌虫一生能产 20~40 个卵。卵经 3~7 天孵化成六脚幼虫，再经数日变成小疥虫，以后发育为成虫，全部发育过程需 15~20 天。

2. 典型症状

患羊主要表现为剧痒、消瘦、皮肤增厚、龟裂和脱毛（图 7-6）。绵羊的螨病一般都为痒螨所侵害，病变首先在背及臀部毛厚的部位，以后很快蔓延到体侧。患部皮肤开始出现针头大至粟粒大结节，继而形成水疱脓疱，渗出浅黄色液体，进而形成结痂。病羊皮肤遭到破坏、增厚、龟裂及脱毛。山羊螨病一般为疥螨所侵害，但山羊螨病少见。山羊疥螨首先发生于鼻唇、耳根、腔下、鼠蹊部、乳房及阴囊等皮肤薄嫩、毛稀处。患螨病羊烦躁不安，终日啃咬和摩擦患部，影响正常的采食和休息，日渐消瘦，最终可极度衰竭而死亡。

图 7-6　羊螨病皮肤病变

3. 实验室检测

（1）直接检查。刮取前剪毛，用经过火焰消毒的凸刃小刀涂上50%甘油水溶液，使刀刃与皮肤表面垂直，在皮肤的患部与健康部交界处刮取皮屑，一直刮到皮肤轻微出血为止。将刮取的皮屑弄碎，放在培养皿内或黑纸上，在日光下暴晒，或用热水、炉火等对皿底或黑纸底面加温至40~50℃，经30~40分钟后，将痂皮轻轻移走，用肉眼或利用放大镜观察螨虫移动。

（2）显微镜镜检。将刮取的皮屑，直接涂在载玻片上，滴加液体石蜡或含50%甘油的生理盐水，置低倍显微镜下观察活螨虫。

（3）沉淀法。将刮取的皮屑放入试管中，加入10%的氢氧化钠溶液，浸泡过夜（如急待检查可在酒精灯上煮沸10分钟），取沉渣镜检。

（4）漂浮法。刮取较多量的皮屑放入试管中，加入10%的氢氧化钠溶液，浸泡过夜（如急待检查可在酒精灯上煮沸10分钟）取沉渣，向沉渣中加入60%硫代硫酸钠溶液，直立静置10分种后待虫体上浮，取表层液镜检。

4. 防治措施

采取"预防为主、以检促防、防治结合"的原则。

畜舍要宽敞、干燥、透光、通风良好，羊群密度适宜（0.8~1.2平方米/只）。

畜舍要经常清扫，保持清洁，防止犬和其他带螨动物进入羊舍。定期消毒畜舍和饲养管理用具（至少每两周一次）。可用0.5%敌百虫水溶液喷洒墙壁、地面及用具，或用80℃以上的20%热石灰水洗刷畜舍的墙壁和柱栏，消灭环境中的螨。

每年春、秋两季定期进行药浴或预防性药物驱虫，可取得预防与治疗的双重效果。

对羊只定期检疫，经常巡视羊群，注意观察羊群中有无发痒、掉毛现象。可疑羊只马上隔离、检查、确诊、治疗。

及时治疗病羊。可采取涂药疗法、药浴疗法、注射疗法。

涂药疗法：用新灭癞灵稀释成1%~2%的水溶液，以毛刷蘸取药液刷拭患部。因为虫体主要集中在病灶的外围，所以一定要把病灶的周围涂上药，并要适当超过病灶范围。另外当患部有结痂时，要反复多刷几次，使结痂软化松动，便于药液浸入，以杀死痂内和痂下的虫体和虫卵。也可选用 0.05% 的辛硫磷、螨净或溴氰菊酯乳剂（每 100 毫升乳剂对水 10 千克）进行治疗。

药浴疗法：用药浴液对羊只体表进行洗浴，以杀死或预防体表寄生虫如疥癣、虱、蜱等。该法适用于病畜数量多且气候温暖的季节，一般在绵羊剪毛、山羊抓绒后 7~10 天进行。第 1 次药浴后 8~14 天应进行第 2 次药浴。药浴液可选用 0.1%~0.2% 新灭癞灵、0.05% 辛硫磷或螨净进行药浴。

注射疗法：注射阿维菌素、伊维菌素，重者 7~10 天后再重复注射 1 次。

第八章　规模化养羊经营效益管理

第一节　现代肉羊生产概况

一、世界养羊业生产趋势

首先，由毛用向肉用方向发展。从 20 世纪 50 年代以来，养羊业发达的国家已将养羊重点由毛用转向肉用。法国 30 个绵羊品种中有 13 个肉羊品种。新西兰是世界上生产羔羊肉最多的国家，美国羔羊肉生产已成为养羊业的支柱产业，世界羔羊肉数量迅速增长。专家预测今后仍有上升趋势。

其次，大力发展肥羔肉生产。由于羔羊在 6 月龄前具有生长速度快、饲料报酬高、胴体品质好的特点，其生产在国际上已占主导地位。新西兰、法国、美国肥羔肉生产都在以上，澳大利亚也达到 70%，并且在羊肉品质和增加胴体重量上进行了细致研究。新西兰和英国等国家，胴体重要求在 16~19 千克，而美国、荷兰则要求在 25~28 千克，以获得大胴体所产生的屠宰率、可食部分比例增加所带来的最佳产肉效果和经济效益。

最后，利用现代化新技术，向集约化方向发展养羊业。发达的国家基本实现了品种良种化、草原改良化、放牧围栏化和育肥工厂化，养羊水平很高，经济效益显著。这些国家在广泛采用多元杂交的基础上形成杂交体系，同时利用现代繁殖技术，调节光照，使用提早发情、早配、早期断奶、诱发分娩等措施来缩短非繁殖期的时间。通过同期发情技术，统一配种，集中产羔，规模育肥。在育肥手段上配制营养全面的日粮，以便于用最短育肥时间使羔羊达到上市体重。

二、我国肉羊产业的现状和水平

我国养羊业历史悠久，改革开放以来，随着农业生产结构的战略调整和农村经济的全面发展，肉羊业已成为发展农村经济的一个重要支柱产业。尤其是我国加入 WTO 后，发展肉羊产业具有广阔前景。随着社会经济的发展，城乡人民生活水平的提高和对羊肉营养价值认识的深化，越来越受到广大消费者的喜爱，全国的羊肉市场供求两旺的形势将在相当长时间内不可能发生转变。

（一）羊肉质量有较大提高

过去我国羊肉生产主要以成年羊为主，育肥手段以放牧为主，靠较长的育肥时间来增加体重，致使出栏时间长、出栏率低、育肥效果差、肉质不佳，不能较好地适应市场的需要。自开展肉羊生产以来，利用引进肉羊品种开展杂交或经济杂交，提高羊只生长速度，1996 年当年羔羊出栏率达到 72.8%，胴体重量也有所提高。

（二）羊肉产品日渐丰富多样

目前，我国肉羊产业从业人员在 375 万~400 万人。大型加工企业如草原兴发年屠宰（加工）肉羊 1 000 万只，主要产品有羔羊肉、羔羊肉串、肉片系列、特色熟食和速冻食品等。小肥羊肉业有限公司年加工羔羊 100 万只，肉制品年产量 1 万吨。主要产品为高档冷鲜肉、小包装分割肉、优质冷冻卷羊肉及各类副产品。我国肉羊生产主要分布在中原、内蒙古自治区中东部及河北北部、西北、西南 4 个肉羊优势产区。2005 年，肉羊产业带 14 省（区、市）羊肉产量占全国的 80.5%。

（三）肉羊育种工作有显著进展

20 世纪 80 年代以来，育种的主要目标集中在追求母羊性成熟早、全年发情、产羔率高、泌乳力强、羔羊生长发育快、饲料报酬高、肉用性能好，并注意结合羊肉与产毛性状。我国各省区在开展肉羊杂交的基础上，进行了大量科研工作，根据本地区不同品种结构特点，分别进行了品种间杂交试验，选出最优杂交组合。原中国农业科学院畜牧研究所筛选出多塞特与寒羊的杂交组合，新疆畜牧研究院利用萨福克与本地细毛羊杂交，收到明显效果。在育肥方法上采用舍饲、补饲等方法提高羔羊生长速度，加快出栏率，这些试验研究成果都对肉羊生产起到了一定的推动作用。

三、我国肉羊产业存在的问题

虽然经过几十年的发展，我国肉羊产业已经具有了较大的规模，出栏率和羊肉品质都有了较大的提高，但是，与世界上的发达国家相比还有比较大的差距，主要表现在肉羊育种、饲养管理手段、营养需要、肉羊生产和产品加工技术等方面。

（一）科技手段在肉羊生产上运用亟待加强

从技术水平应用上看，我国从种羊测定、人工授精等应用技术，到 BLUP 等统计方法，乃至 DNA 标记辅助选择、分子育种等技术均已掌握，但所有技术的应用都只在局部的范围、单一场内，未形成区域性乃至全国性的应用。导致至今未能形成强有力的种羊测定服务体系，没有国内自行估算的遗传参数、经济加权系数，自行研究享有专利权的 DNA 标记也很少。表面上看，各项技术已在养羊业上应用，实际每项技术均还远未能发挥该项技术最佳效果，技术转化为生产力的潜力还非常大。如在羊场计算机应用上，我国许多羊场均配备有计算机，但很大程度上仍停留在一些文字处理工作上，羊场生产数据、种羊遗传参数和生产性能参数等数据管理等方面还存在诸多不足，更不用说建立区域性乃至全国性中心数据库，开展场间水平对比。

（二）生产经营模式落后，盲目引种、无序生产的现象随处可见

不切实际，盲目引种，是导致不少养羊户亏损的主要原因之一。不少养羊户在建场初期都不惜花大代价从外地大量购进种羊，而不去分析所引品种的特征，不结合自身的实际情况确定合理的生产经营模式，盲目效仿他人，使整个生产经营处于盲目运行之中。

（三）繁育技术落后，乱交乱配现象普遍

繁育手段及技术是影响规模养羊产量的重要因素之一。目前规模养羊场多数在繁殖上不注意选种选配，羊群中乱交、近交及利用杂交公羊来配种等现象非常普遍，导致群体品质下降，母羊繁殖障碍性疾病发病率上升。对种羊没有进行认真的选择，母羊患有乳房炎、子宫炎、卵巢囊肿等疾病，影响母羊繁殖率。

（四）饲养管理不科学，缺乏技术及未形成体系化

饲养管理粗放是目前规模养羊主要存在的问题之一。没有科学的饲养管理技术规程。饲养水平低下、管理粗放。主要表现在一是羊舍条件差，阴暗潮湿，通风不良，羊群发病率高。二是饲草饲料条件差。有些养羊户在饲料供应上很随便，常年仅以农作物秸秆作为羊的主要饲草，而且不经过任何处理；有的虽然经过处理，但处理的效果并不理想。同时又不注意补充精料和青饲料，导致羊的体质相当差、生长速度缓慢、繁殖低下，羊只存活率低等。

（五）缺乏完备的疾病防疫体系

目前，疾病防控滞后，不少养羊户对羊群疾病的防治没有引起足够重视，常见内科病、寄生虫病、产科病、传染病等在羊群中频频发生。如有的羊场流产率高达30%，繁殖障碍疾病在羊群中相当普遍，有的羊群有20%左右的母羊常年不繁殖。寄生虫病的感染率高达40%以上，内科病尤其是消化、呼吸系统疾病发病更是屡见不鲜，传染病的发生呈上升趋势。不少羊场羊死亡率达 10% 以上，高者可达 25% 以上，羔羊的死亡率更高。

四、我国肉羊产业发展趋势

近年来，我国羊肉产量增长迅速，但人均羊肉占有量仅为 3 千克，而国际市场羊肉贸易量每年以 1%~3% 的速度增长。随着我国加入世贸组织，肉羊生产特别是肥羔肉生产有着巨大的发展潜力和市场前景。纵观我国肉羊产业，未来应从以下几个方面加强投入和建设。

（一）大力发展肥羔肉生产

肥羔肉鲜嫩、多汁、易消化、膻味轻。羔羊肉的组氨酸、缬氨酸、苏氨酸比例适宜。胴体瘦肉多，脂肪少，饲料报酬高，料重比（3~4）：1，每增重 1 千克比成年羊节约饲料 1/2 以上。因此，世界上主要肉羊生产国都在大力发展肥羔生产。

（二）应用现代繁殖技术提高繁殖力

现在繁殖力较高的品种仅有芬兰的兰得瑞斯、俄罗斯的罗曼诺夫及我国的寒羊和湖羊。因此，要满足肉羊生产的需要，应大力推广现代繁殖新技术，如采用超排技术来提高受胎率，应用胚胎移植和胚胎分割技术来提高产羔率，采用同期发情技术来达到母羊同时发情，统一配种，使肉羊大批量生产，均衡上市。

（三）早期断奶、集中育肥

实质就是通过控制哺乳期来缩短母羊产羔间隔和控制繁殖周期，以减轻母羊负担，达到一年两产或两年三产的目的，提高存栏母羊的生产效率。

（四）采用杂交方式，利用杂种优势

研究表明，利用杂交产生的杂种优势进行羊肉生产，一般产羔率可提高 20%~30%，增重速度提高 20%~25%，羔羊成活率提高 40%~45%。20 世纪 80 年代以来，我国已相继从国外引

进多个专门化肉羊品种，这些专门化的肉用品种具有体型大，生长发育快，产肉性能高，肉质细嫩和繁殖力高等特点。目前，全国各地都已根据本地实际情况和气候特点来制订杂交方案，开展肉羊培育工作。

另外，发展肉羊生产还应注意防治疾病，改良草场，建立主导品种和生产基地，真正实现肉羊的社会化、集约化生产。小尾寒羊因具有高繁殖力和长年发情的特点，是发展肉羊最好的母本。只要将现代肉羊饲养综合配套技术与规模化养羊相结合，通过产业化示范，采取公司+农户的形式，建立产供销配套的肉羊生产调控体系，保证其可持续性发展，肉羊产业将有美好的前景。

第二节　市场前景与竞争力分析

综合考虑多方因素，今后一个时期，我国肉羊业会呈快速、健康发展势头。一是国内市场需求空间大。目前，我国人均羊肉消费量仅有 3 千克左右，已超世界平均水平。随着城乡居民收入的增加，消费观念的转变，今后国肉羊肉市场应有较大的需求空间。到 2016 年，全国人均牛羊肉消费量已达到 9 千克，国内市场牛羊肉需求总量已达 1 100 万吨，与 2015 年相比，有近 150 万吨的发展余地，是有生产成本及价格优势。我国牛羊肉的生产成本一般只有世界平均水平的 50% 左右。羊肉出口价格仅相当于世界平均水平的 60% 左右。三是出口潜力大。我国的周边国家及地区是羊肉的主要进口国和地区。随着我国羊肉产品质量的提高和市场营销网络的不断健全，对东南亚、中东和俄罗斯等周边国家及地区的出口潜力巨大。

但是必须看到，在加入世贸组织后，羊肉的进口关税将逐步下降，国外品质优良、包装精致的羊肉有可能涌入国内市场，竞争将更趋激烈，必须及时采取有效应对措施，提高产品质量和档次，改善安全卫生条件，完善销售服务体系，积极开拓国内外市场。

第三节 养羊模式和养羊规模

一、养羊模式

根据我国当前肉羊生产的现状，全国各地已创造出不同类型的肉羊生产体系。归纳起来，大致分为下列 4 种模式。

第一种是以公司为主的舍饲饲养生产体系。该体系建立了完善的配套生产体系，机械化、规模化生产有了较高水平，如北京兴绿源公司、山东东营超大畜牧公司等。除了建有比较标准的羊舍外，内设饲草饲料加工调制车间、消毒防疫室、绵羊人工授精室、产羔室、药浴室等，饲养管理、防疫、配种基本程序化，为我国肉羊工厂化、现代化生产开创了先例。

第二种是以集体为主的舍饲生产体系。该体系基本上建立了完善的配套体系，生产有一定规模，是广大农村推行集约化肉羊饲养的一种较为理想的形式。如河南新乡古固寨种羊场、龙泉羊场、原阳县农场养羊场、山东郡城爷场等，都建有比较规范的羊舍，还内设饲草饲料加工车间和配套的配料设备、绵羊人工授精室、兽医室、药浴池、自动饮水器等，基本实现生产系统化、程序化。

第三种是肉羊饲养小区。一种是以个体户入股的形式修建羊舍、购买羊只，人工授精、羊病防治、饲草料加工配制等都由小区统一管理，羊只日常饲养由个人管理。另一种形式由集体或公司修建羊舍和购羊，个人饲养，集体或公司统一经营。按照贡献大小、技术高低、劳动强度等，分红奖励。

第四种是个人投资修建羊舍、购买羊只。一般规模较小，适合经济欠发达地区的农村，是解决"闲农"问题、拓宽群众增收渠道的有效措施。

上述饲养模式，可根据各地具体情况，因地制宜借鉴试行。

二、确定生产规模

不同的经营形式，养羊的规模也就不一样。规模的大小与经济效益有密切关系，养羊数量多，自然出栏的商品羊也多，经济效益也就大。相反，羊群小，出栏少，收益也就低。总的来说，关于农区养羊户的养羊规模，可以根据农户的具体条件，如土地面积、劳力及家庭庭院的面积等而定。一个养羊专业户就相当于一个小型养羊场，在养羊生产中，逐步实行科学的饲养和管理方式，在农区养羊专业户，可建立 200 只以上基础母羊的规模羊场。

第四节　投资概算

投资分为固定投资费用、流动投资费用、不可预见费用三部分费用。不可预见主要考虑建筑材料、生产原料的涨价，其次是其他变故损失。

一、固定投资概算

羊场的固定投资包括建筑工程的一切费用（设计费用、建筑费用、改造费用等）、购置设备产生的一切费用（设备费、运输费、安装费等）。在羊场占地面积、羊舍及附属建筑种类和面积、羊的饲养管理和环境调控设备以及饲料、运输、供水、供暖、粪污处理利用设备的选型配套确定之后，可根据当地的土地、土建和设备价格，粗略估算固定资产投资额。

二、流动投资概算

流动资金包括饲料、药品、水电、燃料、人工费等各种费用，并要求按生产周期计算铺底流动资金（产品产出前）。根据羊场规模、羊的购置、人员组成及工资定额、饲料和能源及价格，可以粗略估算流动资金额。

三、不可预见投资概算

不可预见主要考虑建筑材料、生产原料的涨价，其次是其他变故损失。

四、投资概算实例

某一繁殖种羊规模羊场的投资概算。

(一) 固定资金投资

（1）土建工程投资。见表8-1。

表8-1　土建工程投资明细

序号	建筑物、构筑物名称	单位	工程量	单价（元）	数量	费用合计（万元）
1	羊舍	平方米	3 000	300	1	90
2	草棚（饲料加工）	平方米	800	150	1	12
3	青贮池	平方米	1 000	80	1	8
4	围墙	米	400	250	1	10
5	道路	平方米	1 000	100	1	10
6	绿化	米	500	100	1	5
7	有机肥	米	200	150	1	3
8	给排水工程（给水）	米	200	30	1	0.6
9	给排水工程（排水）	米	400	60	1	2.4
10	大门	个	1	20 000	1	2
11	消毒池	个	1	500	2	0.1
12	土地租金	亩	50	1 000	1	5
合计						148.1

（2）种羊投资。小尾寒羊母羊1 000只，1 200元/只；杜泊

羊 10 只，1 万元/只，合计 130 万元。

（3）设备投资。见表 8-2。

表 8-2　设备投资明细

序号	使用途径	设备名称	单位	数量	设备购置费	
					出厂价（万元）	总价（万元）
1	饲料加工	精饲料粉碎混合机组	套	3	1	3
2	饲料加工	地磅	台	1	2	2
3	饲料加工	全混合日粮车	台	1	5	5
4	饲料加工	运料车	台	2	0.8	1.6
5	办公用具		套	2	0.5	1
6	兽医和人工授精设施设备	显微镜等	套	2	1.2	2.4
合计						15

固定资金投资合计为 293.1 万元。

（二）流动资金投资

饲料为每年 600 元/只，合计 60.6 万元；药品为每年 20 元/只，合计 2.02 万元；水电、燃料为每年 20 元/只，合计 2.02 万元；人工费为每年 200 元/只，合计 20.2 万元。流动资金合计为 84.84 万元。

另外，不可预见投资按 3% 预算，羊场项目的总投资为 389.28 万元。

五、销售收入和销售税金及附加估算

本项目是畜牧业，属于国家扶持行业，在政策规定上，不缴纳增值税，所得税有优惠。

年产羔羊 2 000 只，体重 40 千克/只，按市场价 25 元/千克计算，毛重估算收入 2 000×40×25 元＝200 万元。

年生产有机肥 1 000 吨，按市场价 100 元/吨计算，估算收入 10 万元。

销售总收入约为 210 万元/年。

第五节　总成本及经营成本估算

一、单位生产成本估算

（一）饲料成本

繁殖种羊饲料成本为 1.15～1.30 元/天，年饲料成本为 500 元/只，防疫及繁殖 100 元/只。1 000 只羊合计 60 万元。育肥羊每只羊饲喂成本为 200 元，2 000 只为 40 万元。

（二）工资及福利费

全部人员 10 人，年均工资 1 万元/人，合计 20 万元。

（三）水、电费

2 万元/年。

（四）折旧等其他费用

16 万元/年。

合计总成本 138 万元。

二、年纯利润

每年实现利润为 210 万元（销售收入）－138 万元（总成本）＝72 万元。

第六节　中小规模养羊的盈利关键

养羊是否盈利，养羊如何实现盈利是所有从事养羊和相关行业的人员所关心的话题。养羊主要有种羊养殖和异地育肥两类，种羊养殖主要是自己饲养种羊，将羔羊直接作为种羊销售或育肥后作为肉羊出售；异地育肥主要是从不同其他地方收购羊，经过短期育肥后出售。

养种羊盈利，这是肯定的话题，关键取决于两个方面一是如何降低成本，尤其是饲料成本；二是如何提高繁殖，即产羔率和羔羊成活率，计算如下：

养羊效益（只）＝羔羊销售价格（按市场羊肉计算）×年产羔羊数量−饲养管理成本（母羊饲料饲养管理成本＋羔羊饲料饲养管理成本×年产羔羊数量）。

一、降低成本投入是实现养种羊盈利的前提

低成本饲料投入并不意味着低的生产性能，采用全混合日粮加益生菌方式饲喂。全混合日粮必须要对各种饲料原料科学搭配，合理加工。全混合日粮精饲料和粗饲料比例要控制在1：（2.3~4），育肥羊精饲料比例可适当提高。绵羊全混合日粮水分尽量控制在50%±5%，即全混合日粮的干物质含量在50%±5%。山羊全混合日粮水分尽量控制在42%±3%，即全混合日粮的干物质含量在58%±3%。另外，一定要补充好羊专用预混合饲料。

二、增加年产羔数和羔羊成活率，是实现养种羊盈利的基础

第一，要结合当地的资源、环境条件等，选择适宜的品种。例如，小尾寒羊作为世界上繁殖率最高的品种，在河南省大部分地区均有饲养，对河南省的资源、环境条件等均有其他品种无法相比的适应性，可以说是基础母羊的首选，小尾寒羊作为基础母羊在河南省年产羔数均达到了3只。

肉羊品种效益指数是指1只母羊1年能带来的效益，即肉羊品种效益指数＝（繁殖率×增重系数＋肉质指数）×校正系数（n）。校正系数主要是结合当地饲料原料成本等计算。

第二，要科学合理地设计羊舍。部分养羊者未设运动场，

认为有些品种的羊不需要运动场就可以饲养。实际上，羊场的光照是必需的，在缺乏光照的情况下，羊的繁殖率会下降。

第三，充分利用现代繁殖技术，尤其是人工授精技术。羊的人工授精技术相对自然交配来讲，不仅可以少养公羊，也确保了精液的品质，从而提高了受配率和受胎率，另外，通过同期发情技术和早期妊娠诊断均能提高繁殖率。

主要参考文献

董建平. 2016. 肉羊高效养殖技术问答 [M]. 北京：金盾出版社.

郭伟涛，陈晓勇. 2016. 怎样提高肉羊舍饲效益 [M]. 北京：金盾出版社.

潘越博. 2017. 现代肉羊生产技术 [M]. 北京：中国农业大学出版社.

权凯，聂芙蓉. 2016. 肉羊标准化安全生产关键技术 [M]. 郑州：中原农民出版社.

袁文菊，王彦勇，苏建方. 2015. 肉羊规模生产与经营 [M]. 北京：中国农业出版社.